高等职业院校艺术设计类新形态精品教材

总主编／肖勇　傅祎

室内设计艺术史

（第3版）

主　编　李晓莹　杨忠军

ART HISTORY OF INTERIOR DESIGN

北京理工大学出版社
BEIJING INSTITUTE OF TECHNOLOGY PRESS

内容提要

本书共12章，以室内设计艺术的发展为主线，按中国篇和外国篇进行讲解。中国篇的内容按原始社会，夏、商、西周及春秋战国时期，秦汉时期，三国、两晋、南北朝时期，隋唐五代时期，宋元时期，明清时期的顺序讲述；外国篇的内容按古代时期、中世纪时期、文艺复兴时期、欧美17世纪与18世纪时期、欧美19世纪时期、20世纪现代时期的顺序讲述。本书兼具专业性与可读性，内容翔实、实用。

本书既适合作为高等职业院校艺术设计类专业的教材，也可供室内设计爱好者和相关从业人员参考使用。

版权专有　侵权必究

图书在版编目（CIP）数据

室内设计艺术史 / 李晓莹，杨忠军主编 . —3 版 . —北京：北京理工大学出版社，2020.1（2021.9 重印）

ISBN 978-7-5682-8130-0

Ⅰ . ①室… Ⅱ . ①李…②杨… Ⅲ . ①室内装饰设计－建筑艺术史－世界 Ⅳ . ① TU238.2-091

中国版本图书馆 CIP 数据核字（2020）第 017349 号

出版发行 / 北京理工大学出版社有限责任公司
社　　址 / 北京市海淀区中关村南大街 5 号
邮　　编 / 100081
电　　话 /（010）68914775（总编室）
　　　　　（010）82562903（教材售后服务热线）
　　　　　（010）68944723（其他图书服务热线）
网　　址 / http://www.bitpress.com.cn
经　　销 / 全国各地新华书店
印　　刷 / 河北鑫彩博图印刷有限公司
开　　本 / 889 毫米 ×1194 毫米　1/16
印　　张 / 11
字　　数 / 308 千字
版　　次 / 2020 年 1 月第 3 版　2021 年 9 月第 3 次印刷
定　　价 / 59.00 元

责任编辑 / 钟　博
文案编辑 / 钟　博
责任校对 / 周瑞红
责任印制 / 边心超

图书出现印装质量问题，请拨打售后服务热线，本社负责调换

总序 GENERAL PREFACE

20世纪80年代初,中国真正的现代艺术设计教育开始起步。20世纪90年代末以来,中国现代产业迅速崛起,在现代产业大量需求设计人才的市场驱动下,我国各大院校实行了扩大招生的政策,艺术设计教育迅速膨胀。迄今为止,几乎所有的高校都开设了艺术设计类专业,艺术类专业已经成为最热门的专业之一,中国已经发展成为世界上最大的艺术设计教育大国。

但我们应该清醒地认识到,艺术和设计是一个非常庞大的教育体系,包括了设计教育的所有科目,如建筑设计、室内设计、服装设计、工业产品设计、平面设计、包装设计等,而我国的现代艺术设计教育尚处于初创阶段,教学范畴仍集中在服装设计、室内装潢、视觉传达等比较单一的设计领域,设计理念与信息产业的要求仍有较大的差距。

为了符合信息产业的时代要求,中国各大艺术设计教育院校在专业设置方面提出了"拓宽基础、淡化专业"的教学改革方案,在人才培养方面提出了培养"通才"的目标。正如姜今先生在其专著《设计艺术》中所指出的"工业+商业+科学+艺术=设计",现代艺术设计教育越来越注重对当代设计师知识结构的建立,在教学过程中不仅要传授必要的专业知识,还要讲解哲学、社会科学、历史学、心理学、宗教学、数学、艺术学、美学等知识,以便培养出具备综合素质能力的优秀设计师。另外,在现代艺术设计院校中,对设计方法、基础工艺、专业设计及毕业设计等实践类课程的讲授也越来越注重教学课题的创新。

理论来源于实践、指导实践并接受实践的检验,我国现代艺术设计教育的研究正是沿着这样的路线,在设计理论与教学实践中不断摸索前进。在具体的教学理论方面,几年前或十几年前的教材已经无法满足现代艺术教育的需求,知识的快速更新为现代艺术教育理论的发展提供了新的平台,兼具知识性、创新性、前瞻性的教材不断涌现出来。

随着社会多元化产业的发展,社会对艺术设计类人才的需求逐年增加,现在全国已有1 400多所高校设立了艺术设计类专业,而且各高等院校每年都在扩招艺术设计专业的学生,每年的毕业生超过10万人。

随着教学的不断成熟和完善,艺术设计专业科目的划分越来越细致,涉及的范围也越来越广泛。我们通过查阅大量国内外著名设计类院校的相关教学资料,深入学习各相关艺术院校的成功办学经验,同时邀请资深专家进行讨论认证,发觉有必要推出一套新的,较为完整、系统的专业院校艺术设计教材,以适应当前艺术设计教学的需求。

我们策划出版的这套艺术设计类系列教材,是根据多数专业院校的教学内容安排设定的,所涉及的专业课程主要有艺术设计专业基础课程、平面广告设计专业课程、环境艺术设计专业课程、动画专业课程等。同时还以专业为系列进行了细致的划分,内容全面、难度适中,能满足各专业教学的需求。

  本套教材在编写过程中充分考虑了艺术设计类专业的教学特点，把教学与实践紧密地结合起来，参照当今市场对人才的新要求，注重应用技术的传授，强调学生实际应用能力的培养。而且，每本教材都配有相应的电子教学课件或素材资料，可大大方便教学。

  在内容的选取与组织上，本套教材以规范性、知识性、专业性、创新性、前瞻性为目标，以项目训练、课题设计、实例分析、课后思考与练习等多种方式，引导学生考察设计施工现场、学习优秀设计作品实例，力求使教材内容结构合理、知识丰富、特色鲜明。

  本套教材在艺术设计类专业教材的知识层面也有了重大创新，做到了紧跟时代步伐，在新的教育环境下，引入了全新的知识内容和教育理念，使教材具有较强的针对性、实用性及时代感，是当代中国艺术设计教育的新成果。

  本套教材自出版后，受到了广大院校师生的赞誉和好评。经过广泛评估及调研，我们特意遴选了一批销量好、内容经典、市场反响好的教材进行信息化改造升级，除了对内文进行全面修订外，还配套了精心制作的微课、视频，提供相关阅读拓展资料。同时将策划出版选题中具有信息化特色、配套资源丰富的优质稿件也纳入了本套教材中出版，并将丛书名由原先的"21世纪高等院校精品规划教材"调整为高等职业院校艺术设计类新形态精品教材，以适应当前信息化教学的需要。

  高等职业院校艺术设计类新形态精品教材是对信息化教材的一种探索和尝试。为了给相关专业的院校师生提供更多增值服务，我们还特意开通了"建艺通"微信公众号，负责对教材配套资源进行统一管理，并为读者提供行业资讯及配套资源下载服务。如果您在使用过程中，有任何建议或疑问，可通过"建艺通"微信公众号向我们反馈。

  诚然，中国艺术设计类专业的发展现状随着市场经济的深入发展将会逐步改变，也会随着教育体制的健全不断完善，但这个过程中出现的一系列问题，还有待我们进一步思考和探索。我们相信，中国艺术设计教育的未来必将呈现出百花齐放、欣欣向荣的景象！

肖 勇 傅 祎

前言 PREFACE

在人类文明发展的历史长河中,室内设计的发展历程也是人们进步的历程,是人们适应空间、改造空间、创造空间的过程。在室内空间及环境的创造中,社会、经济、宗教、艺术、技术和各种文化无不留下深刻的烙印。室内设计作为建筑中的一个重要环节,是与建筑设计紧密联系在一起的,它总是与当时的建筑发展状况、社会意识形态和社会经济发展水平存在着密切的联系。在不同的历史发展时期,室内设计也形成了传统、现代、后现代、自然以及混合型等不同的风格类型。无论从地域性、民族性还是世界性文化融合的角度来看,富于时代感而又反映传统,从传统文化中汲取精华,用传统文化的形式与手法反映现代的形式和内容,是设计师进行创新所面临的永久性课题。

我国室内设计行业经过多年的发展,已经具有一定的规模。在当今信息化时代发展过程中,设计创新的重要性和迫切性越来越凸显。应用是设计的宗旨,创新是设计的灵魂。创新能力的培养不是一朝一夕之事,尤其在这个经济快速发展的时代,更需要人们静下心来思考。为了更好地继承和发扬优秀文化,推动艺术设计类专业人才的培养,我们编写了本书。

本书分为中国篇和外国篇,所涉及内容广泛,历史时期久远,地理区域广阔,能让读者对室内设计艺术史产生更直接的认知体验。本书力求突出实用性、案例性、针对性和民族性,有助于读者了解室内设计的起源及发展脉络,掌握室内设计在不同历史时期广泛性与多元化的交叉特征,从而在设计中做到"古为今用""洋为中用"。

除此之外,本书还配备了丰富的数字化资源,扫码即可观看相关的配套资料,有助于读者更全面地了解学科相关知识及资讯,也有助于增强本书的参考性和实用性。

由于编写时间有限,编者经验不足,书中难免存在缺点乃至错误,敬请各位同行专家不吝赐教,以便及时更正。

编 者

目录 CONTENTS

第一篇 中国篇

第一章 原始社会，夏、商、西周及春秋战国时期 …… 002
- 第一节 原始社会 …… 002
- 第二节 夏、商、西周 …… 004
- 第三节 春秋战国 …… 007

第二章 秦汉时期 …… 012
- 第一节 建筑发展状况 …… 012
- 第二节 建筑装饰 …… 015
- 第三节 家具与陈设 …… 017

第三章 三国、两晋、南北朝时期 …… 022
- 第一节 建筑发展状况 …… 022
- 第二节 建筑装饰 …… 025
- 第三节 家具与陈设 …… 029

第四章 隋唐五代时期 …… 032
- 第一节 建筑发展状况 …… 032
- 第二节 建筑装饰 …… 038
- 第三节 家具与陈设 …… 041

第五章 宋元时期 …… 044
- 第一节 建筑发展状况 …… 044
- 第二节 建筑著作 …… 052
- 第三节 建筑装饰 …… 053
- 第四节 家具与陈设 …… 054

第六章 明清时期 …… 058
- 第一节 建筑发展状况 …… 058
- 第二节 建筑装饰 …… 070
- 第三节 家具与陈设 …… 075

第二篇 外国篇

第七章 古代时期 …… 082
- 第一节 古埃及 …… 082
- 第二节 古希腊 …… 087
- 第三节 古罗马 …… 091

第八章 中世纪时期 …… 096
- 第一节 早期基督教、拜占庭风格 …… 096
- 第二节 罗马风格 …… 098
- 第三节 哥特风格 …… 102

第九章 文艺复兴时期 …… 108
- 第一节 文艺复兴产生的背景和思想基础 …… 108
- 第二节 文艺复兴风格的元素 …… 109
- 第三节 意大利文艺复兴 …… 109
- 第四节 文艺复兴时期的室内空间和家具陈设 …… 118

第十章 欧美17世纪与18世纪时期 …… 121
- 第一节 意大利与巴洛克风格 …… 121
- 第二节 法国的古典主义、巴洛克和洛可可风格 …… 127
- 第三节 其他欧洲国家的发展 …… 131
- 第四节 殖民地时期与联邦时期的美洲 …… 137

第十一章 欧美19世纪时期 …… 140
- 第一节 新材料与新技术 …… 140
- 第二节 复古思潮——古典复兴、浪漫主义 …… 142
- 第三节 折衷主义 …… 145
- 第四节 各种建造新思潮的产生 …… 147

第十二章 20世纪现代时期 …… 153
- 第一节 现代主义的先驱 …… 153
- 第二节 现代主义家具和艺术装饰 …… 159
- 第三节 第二次世界大战后的设计思潮 …… 162
- 第四节 20世纪晚期的设计 …… 163

参考文献 …… 170

第一篇
中国篇

PIECE ONE

CHAPTER ONE

第一章 原始社会，夏、商、西周及春秋战国时期

知识目标

了解中国原始社会，夏、商、西周及春秋战国时期的居住形式或建筑发展状况，熟悉其居住特点、建筑特征与成就。

技能目标

能够简述中国原始社会，夏、商、西周及春秋战国时期的建筑发展状况。

第一节 原始社会

中国的史前时期主要分为旧石器时代和新石器时代。在旧石器时代，人们在打制石器的过程中，逐渐具备了造型技能和审美观念。进入新石器时代之后，磨制规整的有造型的石器、陶器、编织品、纺织品的出现，表明人类文明有了明显的飞跃。

一、原始社会的居住形式

原始社会时期建筑的发展极为缓慢，穴居、巢居、地面房屋、原始木架等建筑，用来满足最基本的居住和公共活动需求。

1. 穴居

我国境内已知的最早人类住所是天然岩洞。在旧石器时代，原始人居住的岩洞在北京、辽宁、贵州、广东、湖北、江西、江苏、浙江等地都有发现。黄河流域有广阔而丰厚的黄土层，其土质均匀，富含石灰质，有不易倒塌的特点，便于挖做洞穴，这种洞穴是当时用作住所的一种比较普遍的形式（图1-1）。

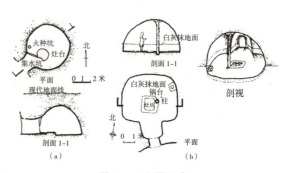

图 1-1　穴居示意

（a）甘肃宁县阳坬 F10 窑洞遗址；（b）山西石楼县岔沟龙山文化 F3 窑洞式住所遗址复原图

2. 真正建筑的诞生

当原始人真正走出洞穴，走出丛林，开始用自己的劳动创造生活时，也就开始了有目的的人工建造居室的活动。人们可以按照自己及社会关系的需要建构自己的建筑与村落，同时，在物质生活的基本需要得到满足后，精神需要就成为影响建筑的重要因素。真正的建筑诞生了。

大约六七千年前，我国广大地区都进入了氏族社会，已经发现的遗址数以千计，房屋遗址也大量出现。由于各地气候、地理等条件不同，营建方式也多种多样，其中具有代表性的房屋遗址主要有两种：一种是长江流域多水地区的干栏式建筑；另一种是黄河流域的木骨泥墙房屋。

全国大部分地区使用木构架承重建筑，这种建筑是中国使用面最广、数量最多的一种建筑类型，具有普遍意义。它的产生、发展、变化贯穿整个古代建筑的发展过程，也是我国古代建筑成就的主要代表。

二、主要遗址介绍

1. 浙江余姚河姆渡

浙江余姚河姆渡村发现的建筑遗址距今约六七千年，可称为华夏建筑文化之源。河姆渡的干栏木构是我国已知的最早采用榫卯技术构筑木结构房屋的一个实例。已发掘部分是长约 23 米、进深约 8 米的木构架建筑遗址，推测是一座长条形的、体量相当大的干栏式建筑（图 1-2）。木构件遗物有柱、梁、枋、板等，许多构件上都带有榫卯，有的构件还有多处榫卯。可以说，河姆渡的干栏木构已初具木构架建筑的雏形，体现了木构建筑之初的技术水平，具有重要的参考价值与代表意义。

干栏式建筑吊脚楼建立过程

图 1-2　河姆渡遗址干栏式民居复原图

2. 西安半坡母系氏族部落聚落遗址

西安半坡母系氏族部落聚落遗址位于西安城东 6 千米，呈南北略长、东西较窄的不规则圆形。整个聚落由三个不同的分区组成，即居住区、氏族公墓区及陶窑区。居住用房和大部分经济性房屋集中分布在聚落的中心，构成整个布局的重心——居住区。围绕居住区有一条深、宽各为 5~6 米的壕沟，为聚落的防护设施。沟外为氏族公墓区及陶窑区。

房屋平面有长方形和圆形两种，墙体多采用木骨架上扎结枝条后再涂泥的做法，屋顶往往也是在树枝扎结骨架上涂泥而成。为了承托屋顶中部的重量，常在室内用木柱作支撑，柱数由一根至三四根不等。室内地面、墙面往往有细泥抹面或烧烤表面，使之陶化，以避潮湿，也有铺设木材、芦苇等作为地面防水层的。室内备有烧火的坑穴，屋顶设有排烟口（图1-3）。

图 1-3　西安半坡母系氏族部落聚落遗址

三、建筑装饰与室内空间

随着社会的发展，原始社会时期的建筑逐渐开始有了简单的装饰。原始社会时期的建筑地面都是用土制作的，早期的墙面大多用树枝排列而成，然后在内壁上抹泥土。到新石器后期，人们已经开始知道在地面和墙面上使用石灰，从而形成一层白灰面，与以前的硬土和红土建筑比较起来有了不小的进步。在新石器晚期，有了土坯墙，土坯尺寸不一，经长时间晒制而成，具有更高的强度和更好保温耐久性。在建筑技术方面，人们开始广泛地在室内地面上涂抹光洁、坚硬的白灰面层，以起到防潮、清洁和明亮的效果。在山西陶寺村龙山文化遗址中已出现了白灰墙面上刻画的图案，这是我国已知的最古老的居室装饰。

在中国古代，人们局限于低下的生产力和原始的技术条件，房屋都是简陋而低矮的，内部空间狭小，人们在里面只能席地坐卧，还谈不上使用家具。为了干燥舒适，人们建造时把泥土的地面先加以焙烤，或铺筑坚硬的"白灰面"，同时在上面铺垫兽皮或植物枝叶的编织物（图1-4）。这些铺垫的东西可以说是当时室内仅有的陈设，它们就是后代室内的必备用具"席"的前身。当时日常生活中使用的器皿主要是陶质的，它们都是放置在地面上使用的（图1-5）。

图 1-4　河姆渡遗址出土的苇编残片

图 1-5　彩陶人面鱼纹盆
（仰韶文化半坡类型）

第二节　夏、商、西周

公元前21世纪时夏朝的建立标志着我国奴隶社会的开始。从夏朝起经商朝、西周而达奴隶社会的鼎盛时期，从春秋时期开始向封建社会过渡。

一、建筑发展状况

1. 夏

据文字记载，中国古代城市的出现始于夏启时期，当时已有"筑城以卫君，造廓以守民"之说。河南偃师县二里头村位于伊、洛二水之间，距离洛阳市约18千米，东西长约2.5千米，南北宽约1.5千米，是夏朝都城斟鄩的遗址。1959年这里出土了大量石器、陶器、玉器等，其中小件铜器如刀、爵、铃等，是我国迄今所见最早的青铜器。

在第三期文化层中发现两处大型宫殿夯土台基。其中西边一处面积约为 10 000 平方米，在台基中北部有一座面阔 8 间、进深 3 间的宫殿基址，周围有回廊环绕。在遗址东南部还发现大面积铸铜、制陶作坊遗址（图 1-6）。

图 1-6　二里头一号宫殿遗址复原图

2. 商

公元前 16 世纪建立的商朝是我国奴隶社会的大发展时期，商朝的统治以河南中部黄河两岸为中心，东至大海，西抵陕西，南抵湖北、安徽，北达河北、山西、辽宁。

商朝最早的国都在亳（今河南商丘）。在以后 300 年中共迁都 5 次。公元前 14 世纪，商朝第 20 位国王盘庚从奄（今山东曲阜）迁至殷（今安阳小屯），直至商朝灭亡。殷都被西周废弃之后，逐渐沦为废墟，故称殷墟。殷都不仅是商朝的政治、军事、文化中心，也是当时的经济中心（图 1-7）。

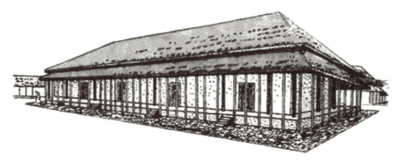

图 1-7　商朝宫殿复原图

3. 西周

西周最有代表性的建筑遗址位于陕西岐山凤雏村。它是一座相当严整的四合院式建筑，由二进院落组成。中轴线上依次为影壁、大门、前堂、后室。前堂与后堂之间有廊连接。门、堂、室的两侧为通长的厢房，将庭院围成封闭空间。院落四周有檐廊环绕。房屋基址下设有排水陶管和卵石叠筑的暗沟，以排除院内雨水。屋顶采用瓦（瓦的发明是西周在建筑上的突出成就）。这组建筑的规模并不大，却是我国已知最早、最严整的四合院实例。更令人称奇的是，它的平面布局及空间组合的本质与后世 2 000 多年封建社会北方流行的四合院建筑并无不同。这一方面证明了中国文化传统的悠久，另一方面也说明了当时封建主义萌芽已经产生，建筑组合的变化体现着当时生活方式与思想观念的变化（图 1-8 和图 1-9）。

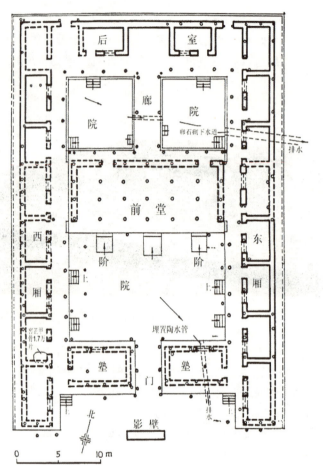

图 1-8 陕西岐山凤雏村西周遗址平面图

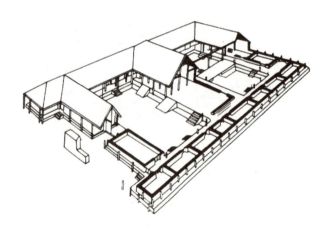

图 1-9 陕西岐山凤雏村西周遗址复原轴测图

二、家具与陈设

夏、商时期的家具处于我国古代家具的初始阶段,其造型纹饰原始古拙、质朴浑厚。这一时期的家具有青铜家具(如青铜俎)、石质家具(如石俎)和漆木镶嵌家具(如漆木抬盘)。漆木镶嵌蚌壳装饰,开后世漆木螺钿嵌家具之先河。

夏朝时人们已经初步掌握了油漆工艺，并且开始用雕刻来美化家具。从陵墓中的随葬品中不难看出当时的宫内建筑及其家具已经相当华丽。由于当时人们思想意识中存在着浓厚的鬼神观念，商代家具装饰纹样往往有一种庄重、威严、凶猛之感。随着手工业的发展，特别是青铜器制造工艺的成熟，青铜器制作相当精美，它们已经不再只是生活中的器皿，而且是室内重要的装饰品。

青铜器是商朝工艺的重要品种。商朝青铜器品类齐全、造型多样，装饰图案或中心对称，或呈单独纹样，神秘庄严（图1-10）。由于商朝统治阶级盛行饮酒之风，所以酒器制作十分发达。青铜器成本高，只能为统治者所用。广大奴隶的生活用品仍以陶器为主，因此商朝制陶工艺也得到普遍发展，陶器技术有轮制、模制和轮模合制等。图1-11所示为商朝妇好墓出土的玉龙，其玉质呈墨绿色，间有褐沁斑，为装饰品。

殷、商青铜器制作过程图解

图1-10 鼎（商晚期）

图1-11 妇好墓出土的玉龙（商）

三、中国奴隶社会的建筑特征与成就

（1）从建筑结构体系看，中国奴隶社会在极低的生产力水平下，完成了木结构体系的草创，并掌握了筑城与高台建筑的方法。中国建筑以木结构为主的建筑体系，在奴隶社会虽然尚属草创阶段，但结构方式已基本确立。

（2）中国奴隶社会是宗族和宗法制度控制的社会，神的崇拜远次于祖先的崇拜。在整个奴隶社会，尚未形成神的崇拜体系。中国建筑的一大特点，是表现出一种等级森严的秩序，这在中国奴隶社会建筑中已见端倪。

（3）从建筑材料和技术来看，中国奴隶社会木工技术已达到很高水准，瓦的发明是西周在建筑上的突出成就，使西周建筑从简陋阶段进入了比较高级的阶段。但地面建筑尚未使用砖，建筑还没完全脱离原始状态。

（4）礼制的萌芽、形成对中国以后3 000年的建筑——从城市、宫殿到民居，产生了深远的影响。

（5）建筑装饰在涂饰、彩绘、雕刻、壁画等方面都有进展。

第三节　春秋战国时期

春秋时期是中国奴隶社会向封建社会的过渡时期，铁器、耕牛的使用促进了社会生产力的提升。井田制随之瓦解，手工业和商业相应得到发展。从文化方面看，这一时期出现百家争鸣的局面，产生了对后世有深远影响的儒家、道家。

一、建筑发展状况

春秋时期,由于铁器和耕牛的使用,社会生产力水平有了很大提高。贵族们的私田大量出现,随之手工业和商业也得到相应发展,相传著名木匠公输班(鲁班)就是春秋时期的匠师。春秋时期,建筑上的重要发展是瓦的普遍使用、砖的应用和作为诸侯宫室用的高台建筑(或称台榭)的出现。

于春秋时期编写成书的《周礼·考工记》谈到帝王之都的设计时说:"匠人营国,方九里,旁三门,国中九经九纬""左祖右社,前朝后市"。该书认为国都应是一个正方形的大城,四面各有三个城门,门内有九条宽阔的大道纵横交错;在大城之内,中央部位的南面是朝廷,北方是市场,在朝廷的东面是太庙,西面是社稷坛(图1-12)。考古发现表明,这对中国历代帝王都城的建设产生了重要影响。宫殿建筑坐北朝南,成为我国中原王朝历代都城规划建设的一大特色。

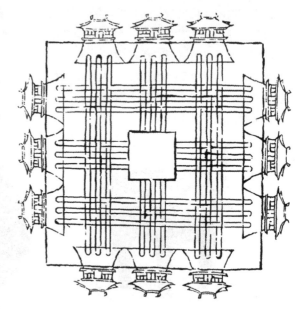

图1-12 《三礼图》中描绘的王城规划

春秋时期社会生产力的发展引起了社会变革,到了战国时期,地主阶级在许多诸侯国内相继夺取政权,宣告奴隶制时代的结束。战国时期手工业发展,城市繁荣,城市规模日益扩大,出现了一个城市建设的高潮,如齐国的临淄、赵国的邯郸、魏国的大梁等,都是当时工商业发达的大城市,也是诸侯统治的据点。据记载,当时临淄居民达到七万户,街道上车轴相击,人肩相摩,热闹非凡(《史记·苏秦传》)。

这一时期的宫室多属台榭式建筑,以阶梯形夯土台为核心,倚台逐层建木构房屋,借助土台,以聚合在一起的单层房屋形成类似多层大型建筑的外观。战国都城一般都有大、小二城,大城又称郭,是居民区,其内为封闭的闾里和集中的市;小城是宫城,建有大量的台榭。此时屋面已大量使用青瓦覆盖,晚期开始出现陶制的栏杆和排水管等(图1-13)。

图1-13 河北燕下都出土的陶制排水管

战国建筑以河北平山中山王陵为代表。中山王陵有封土,同时在封土上又有享堂。据《兆域图》和遗址,复原其当初形制是外绕两圈横长方形墙垣,内为横长方形封土台,台的南部中央稍有凸出,台东西长310余米,高约5米;台上并列五座方形享堂,分别祭祀王、二位王后和二位夫人。中间三座即王和二位王后的享堂平面尺寸为52米×52米;左、右两座夫人享堂稍小,尺寸为41米×41米,位置也稍后退(图1-14和图1-15)。

中国建筑的群体组合多采用院落式的内向布局,但也有外向性格较强者,如中山王陵虽有围墙,但墙内的高台建筑耸出于上,四向凌空,外向性格就很显著。封土台提高了整群建筑的高度,使其从很远就能被看到,很适合旷野的环境,有很强的纪念性,是一件优秀的建筑与环境艺术设计作品。

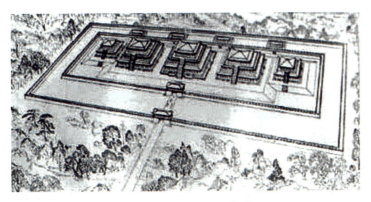

图 1-14 中山王陵复原鸟瞰图

图 1-15 中山王陵享堂复原图

二、春秋战国时期的建筑特征与成就

（1）从建筑材料和技术来看，木工技术成熟，促进了室内装修和家具的制作，瓦的数量和品种增多，出现了多种类型的瓦砖的使用。

（2）儒家学说为礼制奠定了基础。这一时期不仅出现了礼制建筑明堂，更对此后的城市规划、宫殿、坛庙、陵寝乃至民居产生了深远的影响。

（3）诸侯出于政治和享乐的需要，大建高台建筑。

三、春秋战国时期的建筑装饰与室内空间

春秋战国时期继承了前代的建筑技术，砖瓦及木结构的装饰逐渐丰富，并且有了新的发展，还出现了铺地的花纹砖（图 1-16 ~ 图 1-18）。

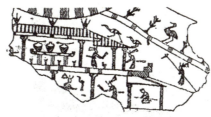

图 1-16 战国漆器上的建筑形象

图 1-17　兽面纹半瓦当（战国燕）　　　　图 1-18　豹纹瓦当（战国）

四、家具与陈设

曾侯乙墓出土玉器赏析

我国古人席地而坐，室内以床为主，地面铺席；再后来出现屏、几、案等家具，床既是卧具也是坐具，在此基础上又衍生出榻等。

到战国时，家具的制造水平有了很大提高，尤其在木材加工方面，出现了像鲁班这样技术高超的工匠。由于冶金、炼铁技术的改进，木材加工发生了突飞猛进的变革，出现了丰富的加工器械和工具，如铁制的锯、斧、钻、凿、铲、刨等，为家具的制造带来了便利条件。

春秋战国时期，青铜器生产开始衰落，大部分生活用具被漆器代替。漆木工艺在这一时期得到了较大的发展。漆家具的品种有明显的增加。从大量的出土实物中可以看出，春秋战国时期的漆家具，不仅有漆俎、漆几等原有品种，还出现了漆大床、漆衣箱、漆案等新的品种（图 1-19～图 1-26）。春秋战国时期的装饰技法多样，有彩绘和雕刻等手法，这为后来汉代成为漆家具的高峰期奠定了基础。

图 1-19　曾侯乙墓二十八星宿图木衣箱（战国）

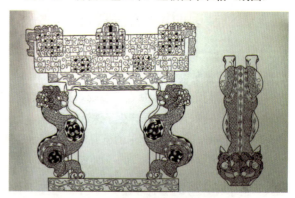

图 1-20　曾侯乙墓漆木器案几（战国）（一）

图 1-21　曾侯乙墓漆木器案几（战国）（二）

图 1-22　曾侯乙墓浮雕兽面纹漆木案（战国）

图1-23 八云纹金盏（含金漏匙）

图1-24 曾侯乙墓四鹿角立鹤（战国）

图1-25 曾侯乙墓彩漆木雕鸳鸯形盒（战国）

图1-26 曾侯乙墓彩漆木雕龙凤纹豆（战国）

在河南信阳出土的彩绘大床，是现今所能见到的最早的床形实物（图1-27）。早在商周时期就有使用屏风的记载，它起到分割空间、美化环境的作用，到了春秋战国时期，其制作和髹饰都已相当精美。

图1-27 大木床（战国）

本章小结

本章按照原始社会、夏、商、西周及春秋战国时期的先后顺序，简要地介绍了建筑及室内装饰的缘起和初步发展，为后续相关内容的学习奠定了基础。

思考与实训

简述中国奴隶社会的建筑特征与成就。

CHAPTER TWO

第二章　秦汉时期

知识目标

了解秦汉时期的建筑发展状况，熟悉秦汉时期的建筑装饰门类、家具与陈设的种类及艺术特色。

技能目标

能够甄别秦汉时期的家具和陈设，对秦汉时期的建筑装饰门类有较系统的认知。

公元前221年，秦始皇统一中国，定都咸阳，建立了我国历史上第一个中央集权制的封建帝国。统一全国后，秦始皇大力改革政治、经济、文化，统一货币和度量衡，统一文字。这些措施对巩固统一的封建国家起到一定的积极作用。另一方面，他又集中全国人力、物力与六国技术成就，在咸阳修筑都城、宫殿、陵墓。秦王朝被推翻后，取而代之的是由刘邦所创立的汉朝。两汉时期在建筑组合和结构处理上日臻完善，并直接影响了后世中国民族建筑的发展。秦汉时期是中国封建社会的上升期，其建筑造型艺术表现出浪漫主义和现实主义相结合的特点。

第一节　建筑发展状况

秦汉建筑在商周时期已初步形成的某些重要艺术特点的基础上发展而来，秦汉的统一促进了中原与吴楚建筑文化的交流，建筑规模更为宏大，组合更为多样，并已初步具备中国传统建筑的特征。秦汉建筑艺术总的风格为豪放朴拙，建筑装饰题材多为飞仙神异、忠臣烈士，古拙而豪壮。

一、宫殿建筑

秦都咸阳是现知始建于战国的最大城市。它北依毕塬，南临渭水，咸阳宫东西横贯全城。"一号宫殿"遗址东西长60米，南北宽45米，高出地面约6米，它利用土塬为基加高夯筑成台，形成二元式的阙形宫殿建筑。台顶建楼两层，其下各层建围廊和敞厅，使全台外观如同三层，非常壮

盘点八个朝代知名的古建筑复原图

观。室内墙壁皆绘有壁画，壁画内容有人物、动物、车马、植物、建筑、神怪和各种边饰。色彩有黑、赫、大红、朱红、石青、石绿等（图2-1）。

图 2-1　秦咸阳宫复原图

西汉长安城遗址距今西安城西北约5千米。其作为都城的历史近350年，实际使用年代近800年，是中国古代最负盛名的都城，也是当时世界上最宏大、最繁华的国际性大都市（图2-2和图2-3）。公元前202年，刘邦在秦兴乐宫的基础上营建长乐宫，揭开了长安城建设的序幕。

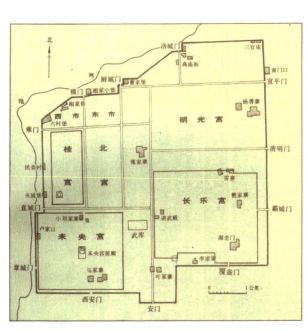

图 2-2　西汉长安城遗址平面示意图
（王仲殊《汉代考古学概说》）

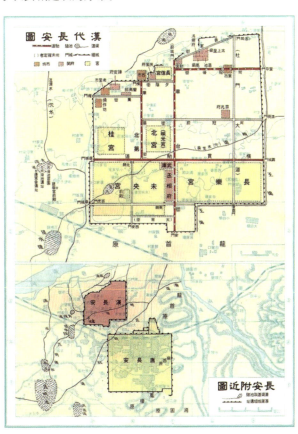

图 2-3　西汉长安城
（程光裕　徐圣谟《中国历史地图》）

西汉长安城中最大、最早的宫殿是长乐宫,主要供太后居住。长乐宫位于城东南,周长约10.6千米,面积约6平方千米,占西汉长安面积的1/6,宫内共有前殿、宣德殿等14座宫殿台阁。

未央宫位于城西南,是汉代皇帝朝会场所,是汉代的政治中心,史称西宫,其周长为9千米,面积为5平方千米,占城面积的1/7,宫内共有40多座宫殿台阁,十分壮丽雄伟(图2-4)。汉武帝太初元年(公元前104年),又在长安西建造建章宫。建章宫是一组宫殿群,周长为10余千米,号称"千门万户"。《三辅黄图》载:"周二十余里,千门万户,在未央宫西、长安城外。"汉武帝为了往来方便,跨城筑有飞阁辇道,可从未央宫直至建章宫。建章宫建筑组群的外围筑有城垣,因属离宫性质,所以宫殿布局比较活泼自由(图2-5)。

图2-4 未央宫复原图

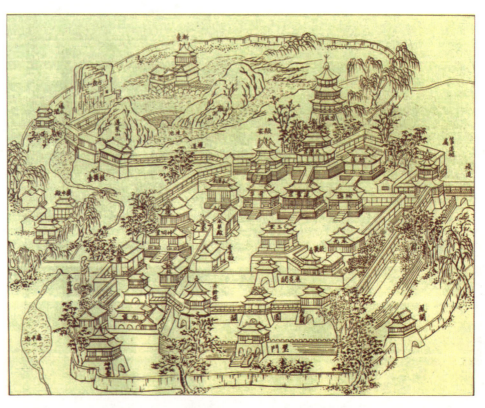

图2-5 西汉建章宫图 (《关中胜迹图志》)

二、陵墓

秦始皇陵是中国历史上第一个皇帝陵园，其宏大的规模、丰富的陪葬物（图2-6）居历代帝王陵之首。陵园按照秦始皇死后依然享受荣华富贵的原则，仿照秦国都城咸阳的布局建造，大体呈"回"字形。陵区内探明的大型地面建筑为寝殿、便殿、园寺吏舍等遗址。据史载，秦始皇陵陵区分陵园区和从葬区两部分。陵园区占地近8平方千米，建有内、外城共两重，封土呈四方锥形。陵园的南部有一个土冢，高43米。筑有内、外两道夯土城墙。内城周长3 890米，外城周长为6 249米，分别象征皇城和宫城。在内城和外城之间，考古工作者发现了葬马坑、陶俑坑、珍禽异兽坑，以及陵外的人殉坑、马厩坑、刑徒坑和修陵人员的墓室。已发现的墓坑有400多座。

图2-6　秦始皇陵铜车马

秦始皇陵墓冢位于内城南半部，呈覆斗形，现高76米，底基为方形。据推测，秦始皇的"陵寝"应在陵墓的后面，即西侧。据《史记·秦始皇本纪》载，墓室一直挖到很深的泉水以后，然后用铜烧铸加固，放上棺椁。墓内修建有宫殿楼阁，里面放满了珍奇异宝。墓内还安装有带有弓矢的弩机，若有人开掘盗墓，触及机关，将会成为后来的殉葬者。

阙是我国古代在城门、宫殿、祠庙、陵墓前用以记官爵、功绩的建筑物，用木或石雕砌而成。一般是两旁各一，称为"双阙"；也有在一大阙旁再建一小阙的，称为"子母阙"。古时"缺"字和"阙"字通用，两阙之间空缺作为道路。阙可用作大门，城阙还可以登临瞭望。

现存的汉阙都为墓阙。高颐墓阙位于四川省雅安市城东汉碑村，是我国现存30座汉代石阙中较为完整的一座（图2-7）。它建于东汉，东、西两阙相距13.6米，东阙现仅存阙身，西阙保存完好。高颐墓阙造型雄伟，轮廓曲折变化，古朴浑厚，雕刻精湛，充分表现了汉代建筑的端庄秀美。它经历1 700多年的风雨剥蚀和地震仍巍然屹立，也反映出汉代精湛的工艺水平。

图2-7　四川省雅安市汉高颐墓阙

第二节　建筑装饰

中国建筑陶器的烧造和使用是在商朝早期开始的。最早的建筑陶器是陶水管。到西周初期又创新出板瓦、筒瓦等建筑陶器。秦始皇统一了中国，结束了诸侯混战的局面，各地区、各民族交流日益广泛，中国的经济、文化迅速发展。到了汉代，社会生产力又有了长足的发展，手工业的进步突飞猛进，因此秦汉时期制陶业的生产规模、烧造技术、数量和质量都超过以往任何时代。秦汉时期建筑用陶在制陶业中占有重要地位，其中最富有特色的是画像砖和各种纹饰的瓦当，素有"秦砖汉瓦"之称。

秦汉瓦当图片欣赏

在秦都咸阳宫殿建筑遗址,以及陕西临潼、凤翔等地发现了众多秦代画像砖和铺地青砖,除铺地青砖为素面外,大多砖面饰有太阳纹、米格纹、小方格纹、平行线纹等。用作踏步或砌于壁面的长方形空心砖,其砖面或模印几何形花纹,或阴线刻画龙纹、凤纹,也有摹射猎、宴客等场面的。

秦汉时期的建筑装饰包括壁画、画像砖、画像石、瓦当等4个门类。秦统一中国后,瓦当种类更加丰富。瓦当即筒瓦之头,主要保护屋檐不被风雨侵蚀,同时富有装饰效果,使建筑更加绚丽辉煌。不同时代的瓦当有着强烈的艺术风格。秦代瓦当,绝大多数为圆形带纹饰,纹样主要有动物纹、植物纹和云纹三种。动物纹中有奔鹿、立鸟、豹纹和昆虫等;植物纹中有叶纹、莲瓣纹和葵花纹;云纹瓦当的图案结构,基本上是在边轮范围内,用弦纹把瓦当正面分为两圈,外圆间四等分,内填以各种云纹,内圈则饰以方格纹、网纹、点纹、四叶纹或树叶纹等。

汉代瓦当,除常见的云纹瓦当外,还有大量的文字瓦当,许多反映了当时统治者的意识和愿望,如"千秋万岁""汉并天下""万寿无疆""长乐未央""大吉祥富贵宜侯王"等。这些文字瓦当上文字的字体有小篆、鸟虫篆、隶书、真书等,布局疏密有致,章法茂美,质朴醇厚,表现出独特的中国文字之美。汉代四神瓦当,泥质灰陶制,中央圆点和青龙、白虎、朱雀、玄武纹样凸出表面,图案仪态生动,气势恢宏(图2-8和图2-9)。

图 2-8 汉长安城四神瓦当

图 2-9 汉长杨宫四神瓦当

汉代工艺的装饰常以现实生活、生产为题材,如宴饮、舞乐、狩猎、攻战、耕种、收割、冶炼等(图2-10~图2-12)。由于汉代儒学的宗教化、谶纬神学的兴起以及厚葬之风的盛行,装饰题材中也流行羽化登仙,祥瑞迷信,青龙、白虎、朱雀、玄武四神等内容。装饰多采用平面剪影的表现手法,善于把握动态和典型特征,具有质朴古拙、灵动多样、满而不乱、多而不散的特点。

图 2-10 荷塘渔猎画像砖(拓片)(东汉)

图 2-11 舂米画像砖(东汉)

秦汉时期的壁画以宫殿寺观壁画和墓室壁画为主。西汉统治者也同样重视可以为其政治宣传和道德说教服务的绘画，在西汉的武帝、昭帝、宣帝时期，绘画成为褒奖功臣的有效方式，宫殿壁画建树非凡。东汉的皇帝们为了巩固天下，控制人心，鼓吹"天人感应"论及"符瑞"说，因此祥瑞图像及标榜忠、孝、节、义的历史故事成为画家的普遍创作题材。

图 2-12　东汉墓乐舞杂技画像

第三节　家具与陈设

一、家具

汉代是我国封建社会早期建筑、家具比较发达的时期，除了建筑本身形成完善的使用格局外，其室内建筑的功能已经具有较明确的分工，家具的陈设格局也形成了相对较为固定的模式。总的来说，汉代住宅的室内功能与环境完善，家具的陈设格局风格朴实、合理。汉代各种室内家具的造型相对比较低矮，主要有各种床榻、几案俎、奁、橱柜、屏风和箱笥等家具（图 2-13）。

汉代建筑的封闭性较差，南、北方的室内家具设施与陈设格局是略有不同

图 2-13　汉代壁画中的家具

的。北方地区寒冷多风，卧室内以炕为主。设置床榻时，床榻上多数安放各种屏风，有些物品可以直接放在屏风的格架上。卧室中的床、炕等家具和设施陈设位置的上方往往设置帷幕，即使摆放架子床也是如此。

由于汉代人有席地而坐的起居习惯，榻的使用比较普遍，许多家庭都在卧室内设置榻，用于日常待客及家庭中其他人的起居活动，如谈话、宴饮等。

榻除了陈设于卧室的床前以外，较大住宅中的榻主要放在厅堂之中。榻有床榻和独榻之别，日常起居与接见宾客都在榻上进行。较大的榻上置几，后面和侧面立有折屏，有些屏风上还安装有器物架子。长者、尊者还要在榻上施设幔帐。独榻较小，平时悬挂在墙上，主要供来客使用。

汉代的案类家具已逐步加宽加长，主要有书案、食案两类。其中食案的品种较多，既有兼作书案的高足食案，也有成语典故中"举案齐眉"所用有拦水线的矮足食案（图2-14和图2-15）。

汉代除了在床和榻的两侧和后部放置折屏，与幔帐配合起到挡风、屏蔽作用外，在室内往往在入门处陈设各种座屏（插屏），用以屏蔽风和人的视线，或进行空间分隔，使室内布局合理自如。

图2-14　汉代贵族家具陈设复原模型

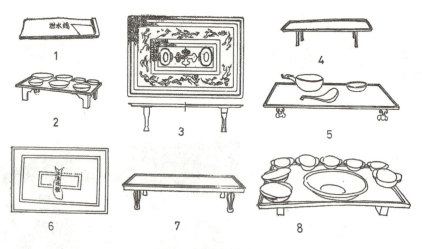

图2-15　汉代食案

1—安徽和县西汉墓残木案；2—江西南昌东汉墓陶案；3，4—广州沙河东汉墓铜案；5—河南灵宝张湾东汉墓陶案；6—洛阳烧沟汉墓漆案；7—河南辉县百泉汉墓陶案；8—重庆江北相国寺东汉墓陶案

二、陈设

青铜器艺术是秦汉艺术非常重要的组成部分，也是中国古代青铜器艺术发展历程中最后的闪光点。这一时期涌现出大量优秀的青铜艺术品，其中很多都被誉为中国雕塑史和工艺史上的经典之作。

秦汉青铜雕塑较前代有重大突破，大型独立性圆雕层出不穷，雕塑语言简洁畅达，风格质朴大气，生动传神。各种青铜器具，如器皿、兵器、车马器、镜、灯、熏炉等在战国青铜器具的基础上向前迈进了一大步，取得了丰硕的成果。器物造型巧致，工艺精湛，风格或富丽华美，或简朴素雅。在秦汉时期，青铜器已经进入寻常人家的日常生活，其造型简练，制作精良，便于使用，充分体现了使用与装饰的统一性。

汉代是我国灯具的鼎盛时期，铜灯成为这一时期的重要品类。知名代表为长信宫灯。长信宫灯设计十分巧妙，宫女一手执灯，另一手袖似在挡风，实为虹管，用以吸收油烟，既防止了空气污染，又有审美价值（图2-16）。此宫灯因曾放置于窦太后（刘胜祖母）的长信宫，故名。长信宫灯一直被认为是我国工艺美术品中的巅峰之作和民族工艺的重要代表。

汉代的漆器包括鼎、壶、钫、樽、盂、卮、杯、盘等饮食器皿，奁、盒等化妆用具，几、案、屏风等家具，种类和品目甚多，但主要是以饮食器皿为主的容器（图2-17～图2-19）。汉代漆器制作精巧，色彩鲜艳，花纹优美，装饰精致，是珍贵的器物。作为饮食器皿，漆器比青铜器更具优越性，故受到汉代统治阶级的喜爱，制作极盛，在一定程度上取代了青铜容器。汉代漆器的造型比战国漆器更丰富，从实用出发，考虑了使用的方便、放置的容积以及图案纹样的多样统一。汉代漆器是实用和美观结合的工艺品典范（图2-20）。

图2-16　长信宫灯（西汉）

中国漆器的巅峰——汉代漆器

图2-17　错金博山炉（西汉）

图2-18　汉代伍子胥画镜（拓片）

图2-19　马王堆墓双层九子奁（西汉）

图2-20　彩绘龙鸟纹漆盘（西汉）

汉代玉器继承了战国时代玉器的传统，并有所变化和发展。玉礼器（所谓瑞玉）较之前减少（图 2-21），已不再是玉器品种的重要组成部分，而各种作为装饰用的玉佩饰大大增加（图 2-22），用于丧葬的玉明器也显著增加，玉用具也有了较大的发展。在雕琢工艺方面，圆雕、高浮雕、透雕的玉器和镶玉器物较之前增多。

图 2-21　汉代玉璧　　　　　　　　图 2-22　汉代玉佩

装饰品可分为人身上的玉饰和器物上的玉饰两大类。人身上的玉饰主要是佩玉，计有璜、环、琥、珑和玉舞人等。玉环的纹饰优美多样，在佩玉中占有重要的地位。

秦代陶器的品种繁多，大多仿自铜器的造型。最引人注目的是兵马俑，被誉为世界奇观。兵马俑形体高大，和真人真马大小相似，形象生动而传神。整个军阵严整统一，气势磅礴，充分展现了秦始皇当年"奋击百万""战车千乘"统一中国的雄伟壮观情景。兵马俑的烧制是陶瓷工艺史上的空前壮举，它不仅反映了当时的文化艺术、科学技术和生产水平，而且为研究秦代烧陶技术和雕塑艺术提供了极其宝贵的实物资料。

汉代是中国陶瓷历史上的一个重要转折点。所制器物的表面被广泛施釉，有学者认为这是受罗马及欧洲人制造琉璃技术的影响，因为当时的人们与上述地区有密切的贸易往来。在汉代，墓葬成为习俗，殉葬品力求丰富而精细，被称为"明器"，它与祭器之别在于它是专门供死者在阴间所用而非供生者使用。陪葬品中除少量石质品、金属制品、木质漆器以外，被大量使用的为陶制品，因为这种材质可历千年而不腐败。除饮食所用的器皿外，大量陪葬品模拟生活场景，加以缩微，如陶制的楼阁、仓房、灶台、兽圈、车马、井台、奴仆等，营造虚幻环境供死者享用。

汉代的印染、纺织和刺绣技术都非常发达，各类纺织品成为宗室、贵族、官僚和民间大众的必需品。"丝绸之路"的开辟使中国汉代的纺织品远销欧洲、中亚、西亚。贸易往来的繁荣进一步促进了纺织品的发展，同时也增加了室内环境装饰的内容。帷幔、帘幕不仅起到分隔空间的作用，还大大增强了室内环境的装饰性。

长沙马王堆西汉墓中 1 号墓和 3 号墓内棺上的彩绘帛画（图 2-23 和图 2-24）保存完整，色彩鲜艳，是不可多得的艺术珍品。两幅帛画的构图基本一致，全长约 2 米，均为 T 形，下垂的四角有穗，顶端有系带以供悬挂，应是当时葬仪中必备的旌幡。画面上段绘日、月、升龙和蛇身神人等图形，象征着天上境界；下段绘蛟龙穿壁图案，以及墓主出行、宴飨等场面。整个主题思想是"引魂升天"。两墓帛画的主要差别在于墓主性别，1 号墓为女性，3 号墓为男性。图 2-25 所示为长沙马王堆墓出土的素纱蝉衣，其薄如蝉翼，轻若烟雾，且色彩鲜艳，纹饰绚丽。该蝉衣代表了西汉初养蚕、缫丝、织造工艺的最高水平。

第二章　秦汉时期　021

图 2-23　马王堆 1 号墓帛画（西汉）

图 2-24　马王堆 3 号墓帛画（局部）　（西汉）

图 2-25　马王堆墓素纱蝉衣（西汉）

本章小结

本章简要介绍了秦汉时期的室内艺术设计成就，其对后世中国民族建筑的发展具有直接作用和影响。

思考与实训

试收集秦汉时期瓦当的图文资料，并分享讨论。

CHAPTER THREE

第三章 三国、两晋、南北朝时期

知识目标

了解三国、两晋、南北朝时期的建筑发展状况，熟悉该时期的建筑装饰特色，家具与陈设的艺术特色和成就。

技能目标

能够系统地概括和分析三国、两晋、南北朝时期的建筑装饰和家具陈设的艺术特色，并合理利用。

从公元221年到公元589年的三国、两晋、南北朝时期，是中国的分裂时期。民族迁徙和混融引起生活起居方式的改变，此时专制皇权衰微，宗族势力扩张，特权世袭，形成门阀政治。在这一时期，汉族和少数民族、少数民族和少数民族、汉族和汉族的封建统治者之间为了利益相互争斗，无休止的战争使广大劳动人民的生活十分痛苦。

政治上的黑暗为宗教带来光明。在汉代极受推崇的儒学受到了冲击。从汉代开始传入中国的佛教得到了广泛传播。在这种动荡的环境下，劳动人民生活没有保障，只有在佛道中寻找安慰；各族的统治者也在佛道中求得寄托，正如古诗中写到的"南朝四百八十寺，多少楼台烟雨中"，佛道大盛，统治阶级大量兴建寺、塔、石窟等，同时也看到了佛道的传播对安定社会的重大作用。魏晋南北朝是中国历史上政治最混乱、人民最痛苦的时代，然而也是精神上最具有智慧和热情的时代。这种精神，反映在整个文化艺术上，也反映在建筑和室内设计上。这一时期的文化艺术飞速发展起来，包含几个重要因素：一是战乱流离虽给社会造成破坏，但促进了民族文化和地域文化的交流与融合；二是佛学的兴起导致美术的兴盛；三是士族的产生推动了文化艺术的发展。

第一节 建筑发展状况

一、都城

三国建立后，经济有所恢复。魏的国力最强，先后兴建邺、许昌、洛阳三个都城及宫殿。其中洛阳在东汉旧址上重建，将东汉时南、北两宫改为一个北宫，加强了宫前主街的纵深长度，这些为以后的都城建设所遵循。在创建的宫殿中，主殿太极殿与东堂、西堂并列的布局也沿用了300年之久。魏在都城宫室上的创新对后世颇有影响。吴和汉（蜀汉）是小国，在都城、宫室方面无重大建设。

北宫布局分前、后两部分，前为办公的朝区，后为魏帝的家宅，即寝区。朝区主殿为太极殿，为举行大典之处。南对宫城正门阊阖门和洛阳南墙正门，形成全宫、全城南北轴线。太极殿东、西并列建有东堂、西堂，是皇帝日常听政和起居之处。太极殿一组，东、南建有朝堂和最高行政机构尚书省，南对宫城南墙偏东的司马门，形成朝区东侧的次要轴线。这并列的两条轴线也明显是受邺城宫殿影响形成的。寝区主殿昭阳殿在太极殿北，也在全宫中轴线上，号称皇后正殿。昭阳殿左、右还各有几条次要轴线，建有若干大小宫院，供后妃居住，以西侧的九龙殿最为著名。

南北朝时，都城、宫室均有巨大变化，北朝的北魏为与南朝抗衡，于公元494年由北方的平城（今山西大同）迁都至中原的洛阳，大力推行汉化，在重建的洛阳城外发展出方格网街道的外郭，开中国城市布局的新局面，为隋唐长安城的前奏（图3-1）。

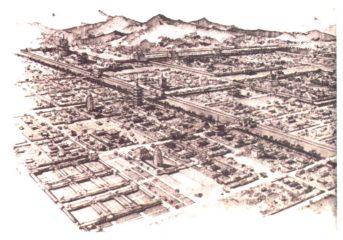

图3-1 北魏洛阳城复原图

二、寺庙和佛塔

中国南北朝的佛寺建筑数量极多。早期东汉初在洛阳建造的白马寺采用印度形式，以塔为主体。到西晋时，洛阳已建有寺庙42所。佛寺最初以塔为中心，佛像设在塔中。但佛塔狭小，中间又有刹柱，佛像只能四面安设，不能居中，不够威严庄重，佛像的大小和数量也受限制，遂逐渐产生另建佛殿以安置佛像的需要。

消失的中国古代超高建筑
永宁寺塔

到南北朝时，北朝一些僧徒开始铸造巨大的金铜佛像以象征帝王。这些大佛像，塔中不能容纳，更需要建殿安置，以与其兼有的帝王身份相适应。因此，佛殿在寺中逐渐取得和佛塔并重的地位。重要佛寺的大殿宛如宫殿，一些由国家建造的大型佛寺逐渐宫殿化。

北朝佛寺宫殿化最典型的例子是于公元516年建造的永宁寺塔。永宁寺塔为九层木塔，是北魏皇家在洛阳所建的最大寺院（图3-2）。史载永宁寺塔平面为矩形，四面开门，南门三层，高20丈，形制似魏宫端门，东、西门形式与南门极近，但高只二层。历史记载中的最大木塔就是永宁寺塔，可惜这座塔建成后不久便被焚毁了。由于木塔易遭火焚，不易保存，又发展出仿木结构的砖塔，并在楼阁式（图3-3）的基础上发展出密檐式，还有小型单层的亭阁式。自此以后，砖塔逐渐增加，木塔逐渐减少。

图3-2 北魏洛阳城永宁寺塔复原图

图3-3 山西朔州崇福寺千佛石塔模型（北魏）

嵩岳寺塔是中国现存最早的砖塔（图3-4和图3-5），该塔位于登封城西北约6千米太室山南麓的嵩岳寺内，建于北魏孝明帝正光元年（520年），距今约有1 500年的历史，是我国现存最古老的多角形密檐式砖塔。其总高为41米左右，周长为33.72米，塔身呈平面等边十二角形，中央塔室为正八角形，塔室宽7.6米，底层砖砌塔壁厚2.45米，这样的十二边形塔在中国现存的数百座砖塔中是绝无仅有的。同时，这种密檐形式在南北朝时期也是少见的。全塔外壁都敷以白灰皮，从塔檐间矮壁上的彩画可知，原来在各层门额内外均绘有朱红、石绿、藤黄、赤红等彩色图案，形如卷云，由此可知此塔初建时的富丽堂皇。嵩岳寺塔至今已走过近1 500年的沧桑岁月，历经了多次地震、风雨侵袭，至今仍然巍然矗立，完好无损，是我国古代建筑中的罕例，具有很高的美学、建筑研究价值。

图3-4　河南登封嵩岳寺塔

图3-5　河南登封嵩岳寺塔局部雕饰

三、石窟

这一时期人们开始建造许多石窟寺。中国最早的石窟寺在新疆拜城、库车地区，约于汉末所建。从十六国时期起，由敦煌向东沿河西走廊至天水，开凿石窟20多处。北魏皇帝崇佛，开凿了著名的云冈石窟和龙门石窟。北朝石窟中保存了一些建筑形象，如敦煌、云冈、龙门石窟壁上雕刻绘画中的佛殿形象，云冈、麦积山、响堂山、天龙山的窟檐。南北朝时期木建筑均已不存，仅据石窟的雕刻绘画方得了解其大致面貌，其中有明显的外来影响，反映了当时文化交流的广泛。

龙门石窟位于河南省洛阳市南13千米处，它同甘肃的敦煌石窟、山西大同的云冈石窟并称中国古代佛教石窟艺术的三大宝库（图3-6～图3-8）。龙门石窟凿于北魏孝文帝迁都洛阳（公元494年）后，直至北宋，现存佛像10万余尊、窟龛2 300多个。

图3-6　云冈石窟第10窟前室北壁窟门上侧须弥山雕刻

图 3-7 敦煌莫高窟第 257 窟壁画"九色鹿本生图"(北魏)

图 3-8 山西大同云冈石窟第 10 窟内的塔柱

第二节 建筑装饰

在三国、两晋、南北朝的 300 余年间，中国建筑发生了较大的变化，特别是进入南北朝以后变化更为迅速。建筑结构逐渐由以土墙和土墩台为主要承重部分的土木混合结构向全木构发展；砖石结构有长足的进步，可建高数十米的塔；建筑风格由前代的古拙、强直、端庄、严肃、以直线为主的汉风，向流丽、豪放、遒劲活泼、多用曲线的唐风过渡。

南北朝中后期，建筑面貌与风格的最大变化在于屋顶，屋面由原来的二维斜面变为下凹曲面，屋角微微翘起，檐口呈反翘曲线，使巨大的屋顶在视觉上减少了沉重、呆板、压抑的感觉，形成了最具特色的中国古建筑屋顶形式。屋顶应用了鸱尾一类大型瓦饰，极具装饰效果（图 3-9 ～图 3-11）。

屋顶

庑殿顶：用鸱尾、寮上有鸟形及火焰纹装饰
（山西大同云冈石窟第 9 窟）

庑殿顶：屋寮有生起曲线
（河南洛阳龙门古阳洞）

屋角起翘
（河北涿州旧藏北朝石造像碑）

屋角起翘
（河南洛阳出土北魏画像石）

歇山顶
用鸱尾、屋寮有生起曲线
（河南洛阳龙门古阳洞）

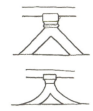

上：人字拱
（山西大同云冈石窟第 9 窟）
下：曲脚人字拱
（甘肃天水麦积山石窟第 5 窟）

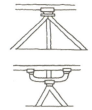

上：人字拱加柱
（河南洛阳龙门古阳洞）
下：人字拱和一斗三升组合
（甘肃敦煌莫高窟第 275 窟）

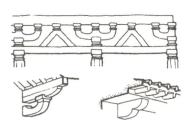

上：栌斗承阑额，额上施一斗三升柱头及人字补间铺作
（山西大同云冈石窟第 21 窟塔柱）
下左：令拱替木承槫 （甘肃敦煌莫高窟第 254 窟）
（下右：两卷瓣拱头 山西大同云冈石窟第 6 窟）

图 3-9 南北朝建筑结构详解

斗拱

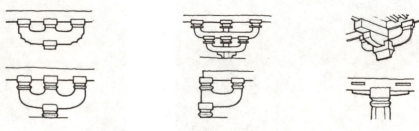

上：斗拱有顿（河北磁县南响堂山石窟第7窟）　　上：斗拱重叠（河南洛阳龙门古阳洞）　　上：斗拱出挑（河南洛阳龙门古阳洞）
下：拱端卷杀（山西大同云冈石窟第9窟）　　下：斗拱转角（山西大同云冈石窟第1窟）　　下：栌斗替木承阑额（山西大同云冈石窟第9窟）

吊顶

 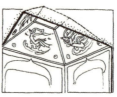 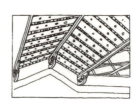 

方形平棊　　　　　　覆斗形吊顶　　　　　　人字坡　　　　　　长方形平棊（部分复原）
（甘肃敦煌莫高窟第428窟）　（山西太原天龙山石窟）　（甘肃敦煌莫高窟第254窟）　（甘肃天水麦积山石窟第5窟）

梁枋

   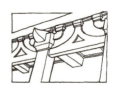

人字叉手加蜀柱　　栌斗上承阑额，额上承梁　　直棂和勾片栏杆间用　　人字叉手　　栌斗上承梁尖
（河南洛阳出土北魏宁懋石室）　（甘肃天水麦积山石窟第30窟）　（甘肃敦煌莫高窟第257窟）　（江苏南京西善桥六朝墓）　（甘肃天水麦积山石窟第5窟）

图 3-9　南北朝建筑结构详解（续）

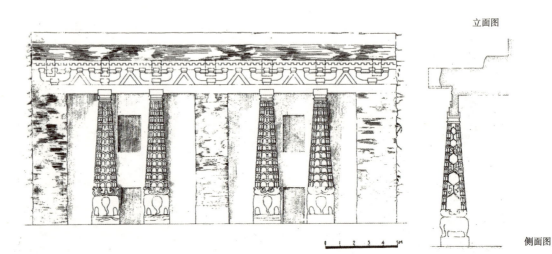

图 3-10　云冈石窟第9、10窟窟檐建筑复原图

北魏宁懋石室石刻　　　东魏造像碑石刻
（河南洛阳）　　　　　（河南沁阳）

图 3-11　南北朝石刻中的建筑屋顶鸱尾

单栋建筑在原有建筑艺术及技术的基础上进一步发展，楼阁式建筑相当普遍，平面多为方形（图 3-12）。在材料、技术和艺术方面，出现了用砖券砌筑的门窗洞口；琉璃制品开始应用于建筑；模制花砖用于壁面和铺地；塔刹和门窗装饰用镏金件；佛寺绘制有绚丽多彩的大幅壁画等。这些都对后世有深远影响。

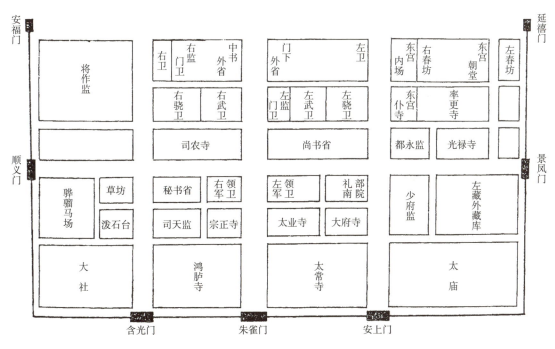

图 3-12　北朝宫殿平面图

这一时期人们挣脱了正统儒学的精神羁绊，个性得到张扬，绘画艺术得以蓬勃发展。壁画、漆画从技法到形式都趋于高超。卷轴画开始兴起，卫协、曹不兴、顾恺之（图 3-13）、陆探微、张僧繇等一批优秀画家脱颖而出，成为划时代的艺术大师。此时，人物、山水、动物题材展现于画面，但尚未脱尽传经载道的窠臼（图 3-14），可见传统影响之深远。绘画理论的研究开始发端。这一时期的装饰主要体现在壁画上，三国、两晋、南北朝时期的绘画继承和发扬了汉代的绘画艺术，呈现出丰富多彩的面貌，并逐渐演变成为一门独立的艺术门类。

魏晋时期的"连环画"

壁画题材多样，对当时生活的描绘表现尤为突出。壁画可分为殿堂壁画、寺观壁画、墓石壁画和石窟壁画。

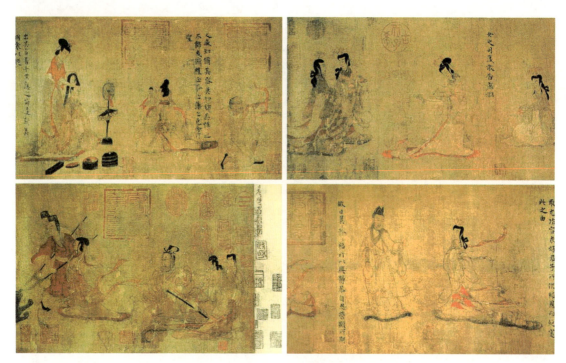

图 3-13 顾恺之《女史箴图》（东晋）

图 3-14 敦煌壁画《萨埵那太子舍身饲虎》（北魏）

作为墓室四壁上的装饰，魏晋墓室画像砖主要集中在丝绸之路沿线的甘肃敦煌、酒泉、嘉峪关等地。它们色彩艳丽，题材丰富，与丝绸之路沿线的石窟壁画长廊相呼应，形成了一个规模宏大的"地下画廊"。与敦煌壁画中的大量神佛故事内容不同，画像砖大多以游牧、农耕、出游、宴乐等现实社会与生活内容为题材，画法简洁，主题鲜明，再现了魏晋时期河西地区农业开发、民族融合、丝绸之路畅通的历史画面。

第三节 家具与陈设

一、家具

三国、两晋、南北朝是中国民族大融合的时期，凳、扶手椅等原本是少数游牧民族或西亚、古印度的高式坐具，于此时传入中原地区。由于佛教的传入和当时各民族的大交流和大融合，高型坐具开始出现，垂足坐的习俗已经形成。高型坐具的品种增多，除了以往的胡床之外，又增加了椅、凳、墩、双人胡床等。这时，新出现的家具主要有扶手椅、束腰圆凳、方凳、圆案、长几、橱，并有笥、箧（箱）等竹藤家具（图3-15～图3-17）。坐类家具品种增多，反映了垂足坐已逐渐推广，促进了家具向高型发展。

图3-15 魏晋画像砖《坐享酒食》中的家具

图3-16 顾恺之《列女仁智图》中的家具（东晋）

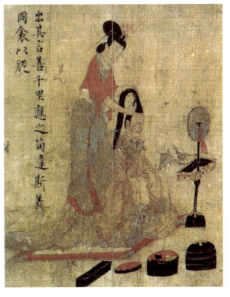

图3-17 顾恺之《女史箴图》（局部）中的家具（东晋）

从这一时期的壁画中可见床明显增高，可以跂床垂足，并有床顶、床罩、床帐。家具的脚型有直脚、弯脚。须弥座的造型结构被引入家具，成为新式家具的支撑构件。因为其形状像宫廷中巷弄之门，依形称为壸门结构。这种结构坚固，富有装饰性，是六朝以来至隋唐时期家具的一大特色。

这一时期在家具上出现了与佛教有关的装饰纹样，如墩上的莲花瓣装饰等，反映了魏晋时期的社会风尚（图3-18）。

敦煌莫高窟第285窟的西魏壁画中，绘有一人跪坐。座椅上有直搭脑和扶手，画虽有剥落，但椅子形象仍清晰可辨，是至今我国古代可见的最早的扶手椅形象（图3-19）。由此可证明在魏晋南北朝时期已经有人使用高型家具了。

图 3-18　顾恺之《洛神赋图》（局部）中的坐榻（东晋）

图 3-19　敦煌莫高窟第 285 窟西魏壁画中的扶手椅

胡床是一种便携坐具，顾名思义，它不是汉民族的坐具，它来自西北游牧民族。胡床由 8 根木棍组成，其中两根横撑在上，座面用棕绳连接，两根下撑为足，中间各两根相交作为支撑，交处用铆钉穿过作轴，造型简洁，使用方便（图 3-20）。胡床可张可合，张开可以作为坐具，合起可提可挂，携带方便，用途广泛。在魏晋南北朝时期，胡床已经广泛使用。

二、陈设

三国、两晋、南北朝时期手工业比较发达，工艺品的成就保持在一个较高的地位。青瓷的技术已经发展和

图 3-20　《北齐校书图》中的胡床

走向成熟，在质地和质量上都超越了汉代（图 3-21 和图 3-22）。铜器和漆器已经逐渐为瓷器所替代。青瓷的装饰，西晋时期以印花为主，主要有弦纹、方格纹、菱形纹、网纹等，并组成条带状，装饰在器物的肩部、腹部；东晋时印花装饰减少，多为褐色斑点，主要装饰在器物的口沿部位；南朝时期受佛教影响，刻画莲花瓣纹开始流行起来（图 3-23）。

图 3-21　"永安三年"等 24 字铭青瓷堆塑罐〔三国（吴）〕　　图 3-22　越窑堆塑罐（西晋）　　图 3-23　青瓷莲花尊〔南朝（梁）〕

三国、两晋、南北朝时期，南方以龙窑烧瓷，其结构比汉代龙窑合理、完善。常见的器形有碗、盘、钵、盆、耳杯、盘口壶、鸡头壶、羊头壶、狮头壶、虎头壶、扁壶、方壶、槅、辟邪水注、蛙形水盂、砚台、香薰、谷仓罐、虎子等。造型设计考虑到实用，如盘口壶（图 3-24），三国时期的盘口和底都很小，上腹特别鼓出，重心在上，不平稳，倾倒食物也不方便。西晋以后则颈部加长，上腹鼓出比较缓慢，下腹适当加长，平底也比较宽，重心向下，使用省力。三国西晋时的碗类器皿多宽腹平底，腹体很浅。东晋南朝的碗类器皿则腹体加高，弧度变缓，底有圆饼状足。鸡头壶由钵形变成加曲柄而瘦长的盘口壶形。谷仓罐，西晋以后中罐做成大口，四小罐被楼台、亭阙和各种堆塑形象淹没，居于次要地位。盖和罐体结合塑出层层楼台亭阙、守卫、佛像、乐队、杂耍人物、飞禽走兽、水生动物，象征豪强地主的权势和财富。

图 3-24　青瓷釉下彩盘口壶〔三国（吴）〕

本章小结

本章聚焦中国历史上的动荡、分裂时期，简要概括了三国、两晋、南北朝时期的室内艺术设计发展脉络和成就，佛道元素的融入和影响是该时期的特色之一。

思考与实训

以南北朝时期的石窟艺术为主题，收集资料并讨论。

CHAPTER FOUR

第四章 隋唐五代时期

知识目标

了解隋唐五代时期的建筑发展状况，熟悉该时期的建筑装饰特色，家具与陈设的艺术特色和成就。

技能目标

能够系统概括和分析隋唐五代时期的建筑装饰和家具陈设的艺术特色，并合理利用。

隋唐结束了 300 多年的分裂混乱局面，建立了统一的王朝。这一时期社会经济繁荣，行政机构完整，法律制度严密。隋唐时期也是中国与外域文化交流的鼎盛时期，南亚、中亚及西亚的宗教、建筑、音乐、舞蹈、雕塑、绘画等艺术给隋唐的文化生活注入勃勃生机。隋唐时期是城市和建筑取得辉煌成就的时期，达到了中国建筑发展历程中的又一个高峰。建筑技术也达到很高的水平，人们不仅兴建了规模空前的都城，还修建了壮观的宫殿、庄严优美的寺观、巍峨峻拔的佛塔、风景如画的园林，已经形成了成熟、完善和规范的规划设计手法。"安史之乱"之后，唐朝由盛转衰，最终形成"五代十国"的分裂局面。

第一节 建筑发展状况

一、都城建筑

隋唐是我国古代建筑艺术的成熟阶段。无论在城市规划与建设上，还是在宫殿、陵墓、佛寺、住宅、园林与桥梁的建造上，都达到了前所未有的高度。隋唐的城市最主要的是长安和洛阳这两座有完整规划、规模宏伟的都城。

隋高祖杨坚建立隋朝后，最初定都在长安城。但当时的长安破败狭小，水污染严重，于是隋高祖便决定在东南方向的龙首原南坡另建一座新城。自隋高祖开皇二年（公元 582 年）起，在宇文恺的主持下，仅用9个月左右的时间就建成了宫城和皇城。开皇三年（公元583年），隋王朝迁至新都，因为隋高祖早年曾被封为大兴公，因此便以"大兴"命名此城。隋炀帝继位后，陆续开凿南、北大运河，以水路连接大兴城和洛阳城。隋炀帝大业九年（公元613年），动用10余万人在宫城和皇城以外建造了外郭城，城市的总体格局至此基本形成。唐朝继续在此定都，并更名为长安。此后长安城得到了进一步修建和完善，并在唐太宗、唐高宗和唐玄宗时期先后增建了大明宫和兴庆宫等宫殿。

唐代长安城的经济和文化在唐玄宗开元年间的发展十分迅速。盛唐时期，唐长安城已是当时世界上最大、最繁华的国际大都市，盛唐时通常情况下城墙内有50万户人口，极盛时城内人口达到百万。"安史之乱"后唐长安城走向衰落。公元763年，唐长安城被吐蕃占领15天。唐僖宗时黄巢攻入长安（公元880—883年），在黄巢军和唐军的厮杀之中，唐长安城遭到严重破坏。天祐元年（公元904年），朱全忠挟持唐昭宗迁都洛阳，并把宫室拆毁，将屋木也一起运走。后来，驻守长安的佑国军节度使韩建认为城广人稀，不利于防守，于是对城市进行改筑，缩为"新城"，也就是五代，宋、金、元朝的长安城。至此，有着总计306年历史的隋大兴城、唐长安城宣告废弃。

长安城东西长9 721米，南北宽8 651.7米，面积达84平方千米，是古代中国规模最大的城市。城区由宫城、皇城和外城三部分组成。每边各设三门，每门各有三道。长安城功能完备，规模宏大，布局完整。皇家宫殿、佛教寺庙、坊里街区、东西两市、风景园林乃至教坊、戏场一应俱全。方整对称、严谨封闭的横盘式结构更是中国古代城市建筑的首创。长安城是中国古代里坊制都城最完善的形态。它采用中轴对称布局，规划严谨，街坊整齐。东、西两市成为当时中西贸易与文化交流的一个中心（图4-1～图4-3）。

古代的长安城究竟有多繁华

东市和西市是唐长安城的经济活动中心，也是当时全国工商业贸易中心，还是中外各国进行经济交流活动的重要场所。这里商贾云集，邸店林立，物品琳琅满目，贸易极为繁荣。唐王朝对长安城市场特别是东、西两市实行严格的定时贸易与夜禁制度。两市的大门也实行早晚随长安城城门、街门和坊门共同启闭的制度，并设有门吏专管。里坊作为唐长安城内单独的居住单元，犹如今天的居民小区，它排列整齐，规则划一，十分有序。

唐长安城在当时也影响了邻近国家和地区的都城建设。渤海国上京龙泉府就仿效了长安城的规划。日本国的平城京、平安京、腾原京、难波京以及长岗京不仅形制和布局模仿长安城，就连一些宫殿、城门、街道的名字也袭用了长安城的相应名称。

唐长安城有三座主要宫殿，分别是太极宫、大明宫（图4-4）和兴庆宫，称为"三大内"。其中，大明宫始建于贞观八年（公元634年），是唐长安城三座主要宫殿中规模最大的一座，称为"东内"，唐大明宫面积是北京紫禁城的4.8倍。自唐高宗起，唐朝的帝王大多在这里居住和处理朝政，它作为国家的统治中心，历时200余年。唐朝末期，整座宫殿毁于战火，其遗址位于今陕西省西安市城区的北郊。

大明宫整个宫域可分为前朝和内庭两部分，前朝以朝会为主，内庭以居住和宴游为主。大明宫的正门丹凤门以南，有宽176米的丹凤门大街，以北是由含元殿、宣政殿、紫宸殿、蓬莱殿、含凉殿、玄武殿等组成的南北中轴线，宫内的其他建筑也大多沿着这条轴线分布。在轴线的东、西两侧，还各有一条纵街，是在三道横向宫墙上开边门贯通形成的。唐大明宫含元殿（图4-5）是唐长安大明宫正殿，始建于唐高宗龙朔二年（公元662年），毁于唐僖宗光启二年（公元886年），使用了220余年。它是皇帝听政及举行外朝大典活动的场所。元旦、冬至多在此举行大朝会，册封、改元、阅兵、受贡等仪式也多在此举行。大明宫是唐代重要的政治中心。

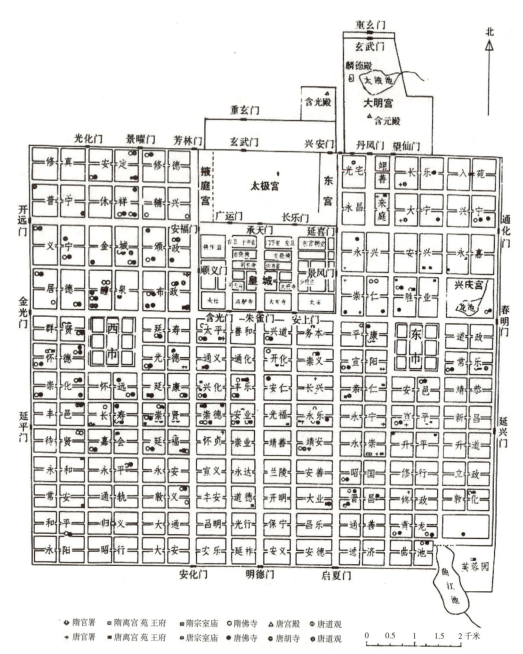

图 4-1　唐长安城平面图

图 4-2　唐长安城明德门外观复原图

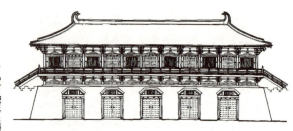

图 4-3　唐长安城明德门立面复原图

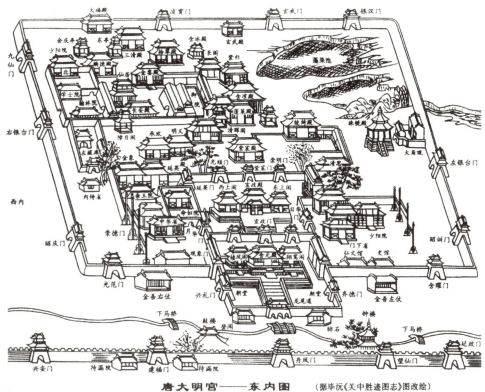

图 4-4 唐大明宫

图 4-5 唐大明宫含元殿复原图

二、寺庙

我国公元 9 世纪以前的地面建筑，几乎都未能免于历史上的种种劫难，极少数留存至今的都是宗教建筑。隋唐五代时期的建筑实例中，有佛殿 4 座，均为木构，但遗憾的是，这 4 座佛殿都只是中晚唐时期地方佛寺中的单体建筑，与盛唐时期的都城、佛寺，尤其是敕建佛寺的建筑规模相去甚远。虽然从这几座单体建筑中难以对唐代木构建筑的发展过程以及等级制度有系统的了解，但它们依然具有非常重要的意义。首先，中国古代木构建筑发展到隋唐时期形成了一套带有礼制特性的营造制度。这套制度除应用于建筑物的构成，即规定结构做法与构件尺寸外，还贯彻了严格的等级观念，通过限定建筑物的规格，使之符合封建社会的礼制。因此，处于特定社会地位的建筑实例，无论规模大小，都是具体了解和研究这套制度的重要实物资料。

与日本现存为数众多的古代建筑实例相比，中国早期木构建筑实例数量虽少，但它们是营造制度的产物。日本的佛教建筑文化虽然从中国舶来，但未能整体接受中国的营造制度。正是由于这种内在的差别，日本平安时期以前的建筑从总体外观到细部处理，实际上都与中国唐代建筑有一定的区别，并不能完全反映唐代木构建筑的形式与发展规律。

隋唐时期寺庙的特点是：第一，主体建筑居中，有明显的纵中轴线。由三门开始，纵列几重殿阁。中间以回廊结成几进院落。第二，在主体建筑两侧，仿宫廷宅第廊院式布局，排列成若干小院落，各有特殊用途。各院间也由回廊连接。主体与附属建筑的回廊常绘壁画，成为画廊。第三，塔的位置由全寺中心逐渐变为独立。大殿前则常用点缀式的左右并立、不太大的实心双塔，或于殿前、殿后、中轴线外置塔院。第四，石窟寺窟檐大量出现，且由石质仿木转向真正的木结构。供奉大佛的穹隆顶以及覆斗式顶、背屏式安置等大量出现，这些都表现了中国石窟更加民族化的过程。第五，唐代寺院的俗讲、说因缘带有民俗文化娱乐性质，佛寺中并出现戏场，更加具有公共文化性质。第六，寺院经济大发展，生活区扩展，不但有供僧徒生活的僧舍、斋堂、库、厨等，有的大型佛寺还有磨坊、菜园。许多佛寺出租房屋供俗人居住，带有客馆性质。

山西五台山是我国有名的佛教名山，这里较好地保存了我国现存年代最早的木构建筑。其中之一为南禅寺大殿，另一处为佛光寺东大殿。

南禅寺大殿（图 4-6）是我国现存最早的木结构建筑，位于五台县东冶镇。该寺创建于唐德宗建中三年（公元 782 年），主殿面阔进深各三间，平面近正方形，单檐歇山顶，屋顶鸱尾秀拔，举折平缓，斗拱（图 4-7）有力，出檐口深远，曲线平缓，不失优雅，木结构简练清晰，唐代作风明显。

佛光寺（图 4-8 和图 4-9）创建于北魏孝文帝时（公元 471—499 年），后被毁，公元 857 年得以重建。现存寺内的唐代木构、泥塑、壁画、墨迹，寺内外的魏（或齐）唐墓塔、石雕交相辉映，是我国历史文物中的瑰宝。

图 4-6　南禅寺大殿

图 4-7　南禅寺大殿斗拱局部

图 4-8　佛光寺东大殿局部

图 4-9　唐代壁画中的五台山佛光寺院落

东大殿是佛光寺的主殿，位于最上一层院落，在所有建筑中位置最高。大殿面阔七间，进深四间，单檐庑殿顶，总面积为677平方米。正殿外表朴素，柱、额、斗拱、门窗、墙壁全用土红涂刷，未施彩绘。大殿出檐深远，殿顶用板瓦铺设，脊瓦条垒砌，正脊两端饰以琉璃鸱吻。二吻虽为元代补配，但高大雄健，仍沿用唐代形制。东大殿表现了结构与艺术的高度统一，具有我国唐代木构建筑的明显特点，它虽然比南禅寺大殿晚75年，但规模远胜于彼，且在后世修缮中改动极少，因此国内一般都将佛光寺东大殿作为仿唐建筑的范例。

三、佛塔

隋唐时期，祈福塔是社会上主要的佛教建筑。塔的结构仍然承袭南北朝时期的木构与砖石砌筑两种主要方式。现存隋唐佛塔实例均为砖石塔，外观上可分为楼阁式和密檐式两种，平面以方形为主。唐塔大部分为楼阁式，可登临，典型平面均为方形。大型塔现存数十座，均为砖建。唐沿袭了南北朝造大像的风气，密宗传入后，又多供菩萨大像，故多层楼阁中置通贯全楼大像的建筑大兴，间接促使塔向寺外发展。多层塔是在塔的表面上表现出木结构的柱梁斗拱等，如西安慈恩寺大雁塔（公元652年）、荐福寺的小雁塔、香积寺塔（公元681年）、兴教寺的玄奘塔（公元669年）等均属此类。

大雁塔（图4-10）位于西安和平门外慈恩寺内，初期也叫慈恩寺塔。唐高宗永徽三年（公元652年）由唐代僧人玄奘创建，用以存放其由印度带回的佛经。大雁塔初建时为五层，高180尺。武则天时重建，后经兵火，五代后又行修缮，为七层，即现存塔状。塔高64米，底边各长25米，整体呈方形角锥状，造型简洁，比例适度，庄严古朴。塔身有砖仿木构的枋、斗拱、栏额，塔内有盘梯可至顶层，各层四面均有砖券拱门，可凭栏远眺。塔底正面两龛内有褚遂良书写的《大唐三藏圣教序》和《圣教序》碑，四面门楣有唐刻佛像和天王像等研究唐代书法、绘画、雕刻艺术的重要文物，尤其是西面门楣上石刻殿堂图显示的唐代佛教建筑，是研究唐代建筑的珍贵资料。

西安荐福寺塔（图4-11）因低于大雁塔，故称"小雁塔"。荐福寺建于唐睿宗文明元年（公元684年），初名献福寺，于武则天天授元年（公元690年）改名为大荐福寺，是唐代高僧义净主持的佛经译场。小雁塔建于唐景龙年间（公元707—709年），为典型的密檐式砖塔，也是寺中现存唯一的唐代建筑。

小雁塔平面为正方形，底边各长11.56米，高43.38米，共15级，顶上二层和三层的檐部毁坏严重，现仅存13级。每层叠涩出檐，檐下砌有两层菱角牙子，形成重檐密阁、飒爽秀丽的美感效果。底层南、北各有券门，上部各层南、北有券窗。底层南、北券门的青石门框上布满精美的唐代线刻，尤其门楣上的天人供养图像艺术价值很高。塔身的内部4.1米见方，原有木制楼板，现已全毁，因此不能登临。

图4-10　陕西西安慈恩寺大雁塔

图4-11　陕西西安荐福寺小雁塔

四、石窟

隋文帝重兴佛教，前朝停顿的石窟开凿得以继续。敦煌莫高窟（图4-12）、龙门石窟以及四川各地石窟，在隋唐时期有很大发展。其中敦煌莫高窟的开凿一直延续到宋元时期；龙门石窟多在初唐开凿，中唐以后逐渐减少；四川石窟的开凿则自中唐时格外频繁。隋唐石窟的洞窟类型与北朝石窟相比主要有以下变化：中心柱式塔庙窟逐渐消失，佛殿窟成为窟群中的主要窟型。雕凿摩崖大像，并在窟龛外架立木构，呈现为大型佛阁的形象，是隋唐造窟的一个突出特点。大型涅槃窟以及为亡故僧人开凿的影窟，也是唐代石窟中具有特色的窟型。

佛教在唐朝达到鼎盛时期，于公元672年开凿的龙门石窟奉先寺是唐朝凿造的第一座大石窟（图4-13）。奉先寺位于龙门西山南段，它是龙门石窟中规模最大、唐代雕刻艺术中最具有代表性的作品。奉先寺造像布局为一佛、二弟子、二菩萨、二天王、二力士等九尊大像。艺术家按照佛教的仪轨，雕造了栩栩如生、神采飞动、具有不同性格和气质的大型群像，而且体现了这组群像间的内在联系，突出了共同的主题，显示了当时艺术家的高超意匠。

图4-12 敦煌莫高窟第103窟"维摩诘坐帐"壁画

图4-13 龙门石窟奉先寺

奉先寺主像卢舍那大佛，通高17.14米，面相丰圆，庄严典雅，眉若弯月，双目俯视，小口微笑，灵活而又含蓄的眼睛显得更加秀美，仿佛给人以深深的同情和殷殷的关切之感，应是理想化的圣贤形象。奉先寺这种唐代皇家石窟的恢宏气派体现了大唐帝国强大的物质和精神力量，显示了唐代雕塑艺术的最高成就，是唐朝这一伟大时代的象征，也是东方佛教艺术的典范。

第二节 建筑装饰

大量涌入的外来文化虽不能动摇隋唐时期相当完善的木构体系，却为建筑装饰带来了丰富新颖的颜料色彩、装饰纹样和构成方法（图4-14）。此时流行的团花、连珠、莲瓣、卷草等图案都是外来纹样与本土纹样结合的产物，在柱子彩绘上均有体现。团花大量使用在中唐时期的柱身上，卷草花卉图案则在唐末和五代时期被广泛用作柱身遍地花纹。连珠纹一般用作水平饰带，将柱子分成几段，或作为仰覆莲的束腰样式。莲纹继承南北朝时期雕刻柱子的做法，柱头用覆莲瓣，柱脚用仰莲瓣与柱头对应，柱中则用束莲。隋及初唐时期，柱子的形象比较质朴，即使比较重要的建筑，如宫殿、佛寺等，大多也仅通刷丹、朱、赭等红色系，与大片白墙形成"朱柱素壁"的对比效果；也有在柱头、柱中、柱脚处稍作装饰的。

在敦煌石窟中保存的大量唐代佛教寺院壁画（图4-15）多反映西方极乐净土辉煌、欢快的景象。这些壁画虽然只表现了佛寺中的主要部分，但显示出大唐佛寺的组群布置已经达到了很高的水平——整体形象宏大开朗，单体形式多姿多彩，用色丰富但不俗艳。

敦煌石窟铺设的花砖最早见于隋代第401窟，一般约30平方厘米，厚约6厘米。花纹以八瓣莲花为主，如莲花如意纹卷草纹（图4-16）、八瓣莲花云头纹，另有蔓草卷云纹、桃心卷瓣莲花纹、火焰宝珠纹等。其在已发掘的窟前遗址就出土了18

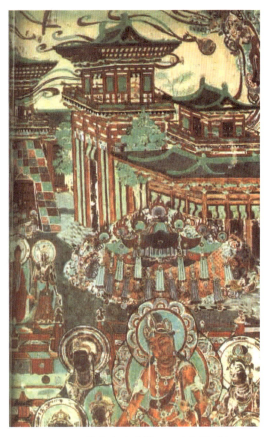

图 4-14　莫高窟盛唐第445窟阿弥陀经变中的乐舞楼台

种之多。除了植物花纹外，还发现有动物纹样，在敦煌三危山老君堂遗址出土了龙纹砖及凤纹砖；在莫高窟中唐第112窟甬道口出土了人马砖；在三危山老君堂唐代建筑遗址出土了翼马砖；在佛爷庙唐墓出土了骆驼砖（图4-17）。

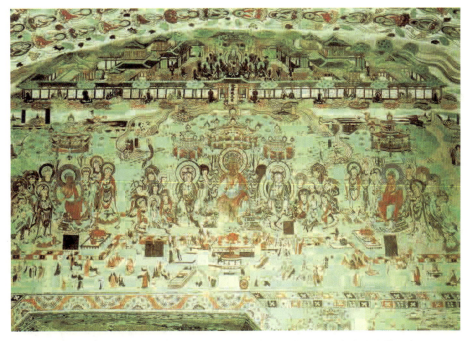

图 4-15　敦煌壁画中的唐代佛寺院落（莫高窟盛唐第148窟南壁弥勒经变）

图 4-16 莲花如意纹卷草纹砖（唐）

图 4-17 胡人牵驼砖（唐）

敦煌石窟的装饰图案以藻井图案为代表。纹样以纤秀的忍冬纹、莲荷纹、联珠纹为主，形式多样，不拘一格。隋代是北朝图案向唐代图案的过渡期。唐代是敦煌图案发展的高峰，藻井图案（图 4-18）为其精华，装饰多仿绫、绢、绣织物上的纹样，以卷草纹、各种图形莲花纹为特征，形象庄严富丽。

在唐代，藻井图案进入全盛时期，有藻井图案的石窟达 200 余窟。初唐的井心宽大，井中莲花多为放射状，井外边饰为二层或三层，以卷草纹、半团花纹、垂幔三角纹排列密集，爽朗悦目。代表作有敦煌莫高窟第 209 窟葡萄石榴藻井图案（图 4-19）。盛唐时期藻井井心渐小，井中花形多为团形向心状。井外边缘层次增多，绘团花纹、各种几何纹、卷草纹、垂幔三角纹，形象庄严。中唐时期藻井井心莲花多为卷瓣，花中有狮子、灵鸟、三兔、交杵等纹样，井心边饰还有新的茶花纹，井外边饰多绘石榴卷草纹、回纹、菱格纹。晚唐延续了中唐时期的风格，各窟藻井图案纹样逐渐趋向一致。

唐代藻井图案的色彩，初唐和盛唐时多用石青、石绿、朱砂，叠晕层次多，形象丰满，庄严富丽；中唐和晚唐时则以淡绿、土黄及土红为主，叠晕层次少，形象清秀，恬淡雅致。

图 4-18 敦煌唐代藻井图案

图 4-19 敦煌莫高窟第 209 窟葡萄石榴藻井图案

第三节　家具与陈设

隋唐是我国家具史上的大变革时期，上承秦汉，下启宋元，融合国内各民族文化，大胆吸收外来文化，出现了不少新型家具，特别是高型家具继续得到发展，大大丰富了中国古典家具的内容。隋唐家具注重构图的均齐对称，造型雍容大度，色彩富丽洒脱。隋唐家具实物很少留存，但从墓室出土的家具模型、壁画、传世（或后人临摹）的绘画中可以获得不少形象资料。大量的文献记载、诗歌及其他文学作品中有关家具的描写也都有重要的参考价值。

一、家具

隋唐城市独立手工业作坊的日益兴起，为家具的发展演进提供了技术上的支持，促使装饰艺术空前繁荣，螺钿、雕漆、木画、镶嵌、金银绘等工艺综合运用在家具上；同时促使家具广泛选材，材料有桑木、桐木、柿木和苏枋木，考究的则选用紫檀木、楠木、花梨木、胡桃木、樟木、黄杨木和沉香木等，甚至应用了竹藤、树根等材料，这与先进的手工艺密不可分。晚唐至五代，垂足而坐的方式由上层阶级逐渐遍及全国，生活方式的改变导致高、低型家具并存的局面。

隋唐家具类型丰富，在造型上独具一格，大多宽大厚重，显得浑圆丰满，具有博大的气势，给人以稳定之感。唐代家具在装饰上崇尚富贵华丽，和谐悦目，桌案、床榻的腿足等，无不以细致的雕刻和彩绘进行装饰。唐代著名仕女画家周昉的《宫乐图》展现出盛唐贵族妇女宴乐的景象，其中食案体大浑厚，装饰华丽，宫凳符合人体功能（图4-20）。这种宫凳在其他绘画作品中也经常出现，说明在上层社会中比较流行。这种凳也被称为"腰圆凳""月牙凳"。

周昉在其名作《挥扇仕女图》中，描绘了一个贵族妇人手持团扇，坐在一把雕饰华美的圈椅上的场景，圈椅两腿之间饰以彩穗，设有圈式搭脑，从搭脑到扶手形成一条流畅的曲线，浑然一体，端庄华美而不失清雅（图4-21）。

图4-20　周昉《宫乐图》（唐）

图4-21　周昉《挥扇仕女图》局部（唐）

随着高足家具的兴起，以前低矮的小屏风已不再实用，屏风逐渐向高大型发展。形态上以插屏和多曲式的折叠屏居多，高大的屏风可围合成一个私密的空间，与唐人的生活息息相关。唐代屏风以立地屏风为多，木制骨架上以纸或锦裱糊。士大夫比较喜欢素面。而在屏风上绘以山水花草也是一种风格。这一时期，屏风不仅具有空间划分、隔障、装饰的功能，更成为唐人情感的载体，这是其他家具难以企及的。

鉴真东渡日本时，除带去唐式家具外，也有能够制作唐式家具的工匠随行。这在日本真人元开所撰的《唐大和上东征传》中可见相关记载。至今日本正仓院中仍藏有珍贵的唐代家具实物多件。

综上所述，唐及五代家具的特点可归纳如下：

（1）高型家具的形成。从敦煌壁画、唐人的《挥扇仕女图》中可以看出，我国家具发展到唐末与五代之间，高型家具在品种和类型方面已基本齐全，家具阵容初具规模，这为后来家具的发展奠定了良好的基础。

（2）造型上出现的艺术风格。唐代家具在造型上独树一帜，大多宽大厚重，显得浑圆丰满，具有博大的气势，给人以稳定感。如新兴的月牙凳，其浑圆丰满的造型和富丽华美的装饰与唐代贵族妇女的丰满体态协调一致，成为独特的唐代风格。

（3）工艺技术的变化。主要体现在木结构方式的变化上、家具制作材料的选择上以及复杂的工艺过程中。同时，唐代漆工艺品类繁多，技艺高超，并有许多新的创造和革新。唐朝的螺钿、镶嵌、木画、漆绘是唐代工艺的优秀成就。

二、陈设

隋代是中国文化经过长期酝酿开始进入鼎盛阶段的序曲。唐代是中国文化发展的高潮期，这一时期中外往来频繁，文化交流活跃，制陶工艺发展迅速。隋唐家具的变化使生活器皿的造型随之发生变化。例如以前的器皿，原是放在地上或较矮的床及几、案上，都处在人们的视线以下，桌子产生以后，放置器物的位置增高了，器形则多由矮而圆向高而长发展，有些细长的器皿，原是捧着用的，因为可以放在桌子上，则又向矮而平稳发展。

最能表现盛唐气象的是唐三彩釉陶。唐三彩是一种盛行于唐代的陶器，以黄、白、绿为基本釉色，后来人们习惯地把这类陶器称为"唐三彩"。唐三彩在唐代的兴起有其历史原因。首先，陶瓷业的飞速发展以及雕塑、建筑艺术水平的不断提高，促使它们之间不断结合、不断发展，因此从人物到动物以及生活用具等都能在唐三彩的器物上表现出来。其次，唐代贞观之治以后，国力强盛，同时厚葬之风日盛。这也是唐三彩能够迅速在中原地区发展和兴起的一个主要原因。

唐三彩用于随葬，作为明器，因为它的胎质松脆，防水性能差，实用性远不如当时已经出现的青瓷和白瓷。唐三彩种类很多，如人物、动物、碗盘、水器、酒器、文具、家具、房屋，甚至装骨灰的壶坛等（图4-22～图4-25）。

唐代的织锦在新疆吐鲁番阿斯塔那古墓群、甘肃敦煌莫高窟藏经洞，以及青海、陕西有大量出土。当时被用作衣料和日常用品，半臂锦、袍锦、被锦即以用途命名的锦。另外有双层锦、织金锦、透背锦，其纹样丰富、风格华贵。

大唐文化以开放的姿态吸纳诸多异域风采，连珠纹即其中典型一例，被认为是受波斯萨珊王朝纹饰的影响。对马纹是唐连珠纹锦中有代表性的纹饰（图4-26）。

图 4-22　唐三彩女立俑

第四章　隋唐五代时期　043

图4-23　唐三彩驼和外域商贩

图4-24　唐三彩舞乐俑

图4-25　唐三彩三足罐

图4-26　连珠对马纹锦（唐）

本章小结

本章介绍了隋唐五代时期的建筑发展状况、建筑装饰、家具与陈设，该时期是中国室内艺术设计的高峰时期之一，对后世的室内艺术设计发展产生了深远影响。

思考与实训

简述隋唐五代时期的建筑装饰特色。

CHAPTER FIVE

第五章 宋元时期

知识目标

了解宋元时期的建筑发展状况及建筑著作，熟悉该时期的建筑装饰特色、家具与陈设的艺术特色和成就。

技能目标

能够系统概括和分析宋元时期的建筑装饰和家具陈设的艺术特色，并合理利用。

唐之后经过了五代短暂的纷争，到北宋相对统一，之后宋金对峙，再到元朝实现统一。五代及宋元时期已经处于封建社会的后期，手工业发达，城市商品经济繁荣，教育空前普及，科技进步促进了建筑和室内空间及工艺美术的大发展。这一时期的建筑在唐代建筑和装饰风格的基础上获得了全面的发展，技术更加成熟，创作更加繁荣。

第一节 建筑发展状况

北宋（公元960—1127年）结束了唐以后五代十国短暂的分裂割据局面，重新统一中原和江南。北宋覆亡后宋宗室在南方建立了新政权南宋（公元1127—1279年）。两宋时期社会稳定，经济科技繁荣。宋朝在经济、手工业和科学技术方面都有发展，使宋代的建筑师、木匠、技工、工程师以及斗拱体系、建筑构造与造型技术均达到了很高的水平。唐朝的人口最多时约6 000万，而宋朝人口由宋初的约1亿增加到宋末期的约1.2亿。

契丹族建立的辽、女真族建立的金虽然与宋长期军事对峙，但是积极吸收宋的先进科技文化。金灭辽和北宋后，在境内全面推行汉化，元朝的统一推动了中国历史上的民族大交流和大融合，地区之间的建筑艺术交流得到了加强。

一、都城

宋代城市繁荣，手工业发达，市民阶层的壮大对建筑艺术的发展产生了很大的影响。东京汴梁（今河南开封）从五代开始成为政治经济中心，后周正式定都于此，北宋更加富饶，人口近百万（图5-1）。城三重相套，内城中心偏北为州衙改建成的宫城。在宫城外东北有皇家园林艮岳，城内有寺观70余处，城外有大型园林金明池和琼林苑，这些都丰富了城市景观。

北宋东京汴梁城内在许多交通要道上出现了繁华的新型商业街区，这些街区主要由新兴的行市、酒楼、茶坊、食品店、勾栏、瓦子等组成。

宋代城市面貌最重要的变化就是随着城市经济的逐渐发展，正式取消了唐代的里坊制度和集中市场制，准许临街设店，形成开放型的空间结构。与以往朝代都城单调的格局相比，北宋的都城充满了市民气息和世俗繁华景象，是中国城市的一大转折。这使此后的都市面貌多样化，丰富了市民生活，也改变了都市规划的结构。可以从北宋画家张择端的《清明上河图》（图5-2～图5-4）中清楚地看到这些景象。

图 5-1 北宋东京汴梁平面示意图
（程光裕，徐圣谟《中国历史地图》）

如果把《清明上河图》放大30倍

图 5-2 北宋《清明上河图》中东京汴梁景象（一）

图 5-3 北宋《清明上河图》中东京汴梁景象（二）

图 5-4 北宋《清明上河图》中东京汴梁景象（三）

平江，即今苏州，是江南平原上手工业和商业汇集的水运城市。平江历史悠久，四周水网密布，商业发达。平江城最大的特点是拥有水道和陆路两套交通系统。城中住宅、商店和作坊都是前街后河，城中多弓形石拱桥，居民以舟代步，十分便利。《平江图》（图5-5）标有坊61个、巷264条、弄24条。宋时的平江城中占据最大建筑空间的是民居建筑，高度为3～7米。平江城民居建筑中平房居多，其粉墙黛瓦，古朴淡雅，大多依水而建。根据河道与街巷的不同结合，相应地形成了面水民居、临水民居、跨水民居等多种建筑形式。

南宋临安（图5-6），即今杭州，是早期海运贸易中心和江南的文化古城。宋室南迁，于1138年定都杭州，改称临安。临安原为地方政权吴越国（公元907—978年）的都城，由于其经济基础好，被选定为南宋都城，此后人们扩建原有吴越宫殿，增建礼制坛庙，疏浚河湖，增辟道路，改善交通，发展商业、手工业，使之成为全国的政治、经济、文化中心。直至1279年南宋灭亡，临安作为都城前后共计141年。临安南倚凤凰山，西临西湖，北部、东部为平原，城市呈南北狭长的不规则长方形。宫殿独占南部凤凰山，整座城市街区在北，形成了"南宫北市"的格局，而自宫殿北门向北延伸的御街贯穿全城，成为全城的繁华区域。御街南段为衙署区，中段为中心综合商业区，同时还有若干行业市街及文娱活动集中的"瓦子"，官府商业区则在御街南段东侧。遍布全城的商业、手工业在城中占有较大比重。居住区在城市中部，许多达官贵戚的府邸就设在御街旁商业街市的背后。

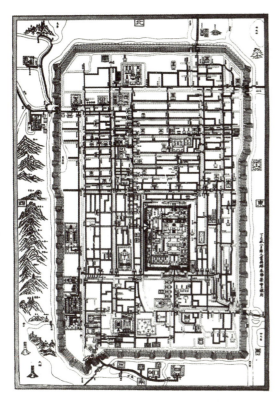

图 5-5　宋代苏州的《平江图》

图 5-6　南宋临安城平面示意图
（程光裕　徐圣谟《中国历史地图》）

元朝是中国古建筑体系的又一发展时期。元大都（图 5-7）位于金中都旧城东北，即今北京市。大都新城的平面呈长方形，周长为 28.6 千米，面积约为 50 平方千米，相当于唐长安城面积的五分之三，接近宋东京城的面积。元大都按照汉族传统都城的布局建造，是自唐长安城以来又一个规模宏大、规划完整的都城。元代城市进一步发展了各行各业的作坊、店铺和戏台、酒楼等娱乐性建筑。元大都吸取了宋汴京和金中都的布局形态及建设经验，规模适宜，格局严整，道路系统整齐，呈现出庄严雄伟的外貌，为明清北京城的建设奠定了重要的基础。元大都城市建设的另一个创举是在市中心设置高大的钟楼、鼓楼作为全城的报时机构。

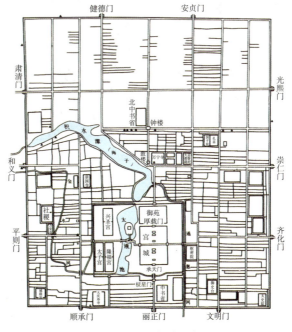

图 5-7　元大都城示意图

二、祠庙

祭祀天地神祇是中国古代帝王直接参与的重大礼仪活动，是君权神授的具体表现，因此受到历代帝王的重视。礼制思想成为数千年来封建帝王统治国家的思想。因此而建造的许多礼制建筑也画上了君王显示盛威、传达君权神授观念的符号，它们大多是规模宏大、庄严伟丽、等级较高的国家级大型建筑群，代表着一个朝代的最高建筑水平。

但是到了唐末、五代，战乱频发，朝代更迭，在五代的短短53年之中，有13位君王变成阶下囚，期中有8人被弑。君权神授的观念被打破，北宋王朝的统治者不希望再出现前朝的悲剧，不仅用几十万禁军驻守京城，还从精神上寻求武器，以维护统治，于是采取了加强礼制的国策，通过礼制活动强化君权神授的观念。北宋王朝的统治者开国以后，更加重视礼制及礼制建筑的建设，多次进行封禅、祭祀活动，建造坛庙的活动与日俱增。他们还重新修订了各种礼仪制度。每位帝王都把祈求神灵保佑作为维护自己统治的精神支柱，因此宋代是中国礼制建筑发展的鼎盛时期之一。

山西太原的晋祠圣母殿（图5-8～图5-10）是祠内少数几个仍为北宋原物的建筑，其面阔七间，进深六间，重檐歇山顶，殿顶琉璃为明代更制。殿前廊柱雕饰八条木质蟠龙，盘曲有力，系北宋元祐二年（1087年）原物。蟠龙柱形制曾见于隋、唐的石雕塔门和神龛之上。在中国古代建筑已知木构实物中，此属先驱。殿内用材较大，采用彻上露明造，殿内40尊宋代仕女塑像，神态各异，殿前泉水上筑有十字形石桥，使整个祠庙富有园林情致，体现了宋代优美柔和的建筑风格。

图5-8　山西太原晋祠圣母殿

图5-9　圣母殿前檐柱木雕龙缠绕

图5-10　圣母殿内宋代圣母彩塑

鱼沼飞梁（图5-11）位于圣母殿前，是一座精致的古桥建筑，在北宋时与圣母殿同建，为我国现存古桥梁中的孤例。其四周有勾栏围护可凭依。古人以圆者为池，以方者为沼。因沼中原为晋水第二大源头，流量甚大，游鱼甚多，所以取名鱼沼。沼内立34根小八角形石柱，柱顶架斗拱和枕梁，承托着"十"字形桥面，即飞梁。

图5-11　圣母殿前鱼沼飞梁

三、寺庙

这一时期的宗教建筑可以分为佛教建筑、道教建筑、宗祠建筑三个类型。最具有代表性的有河北正定隆兴寺、天津蓟州独乐寺观音阁、山西大同的善化寺。

河北正定隆兴寺（图5-12）是现存宋朝佛寺建筑总体布局的一个重要实例。全寺建筑沿中轴线作纵深的布置，自外而内，殿宇重叠，院落互变，高低错落，主次分明。主要建筑佛香阁和其前两侧的转轮藏殿与慈氏阁以及其他次要的楼、阁、殿、亭等构成的形式瑰玮的空间组合也是整个佛寺建筑群的高潮。佛香阁和弥陀殿都采用三殿并列的制度。

图 5-12　河北正定隆兴寺大悲阁

大悲阁是隆兴寺内的主体建筑，现存的阁是1940年前后重建的。阁高约33米，共三层，歇山顶，且上两层都用重檐，并有平坐，给人的感觉比实际高大。阁内所供千手观音高24米，是北宋开宝四年（公元971年）建阁时所铸，是留存至今的中国古代最大的铜像（图5-13）。

天津蓟州独乐寺始建于唐代，重建于辽统和二年（公元984年），现存的山门和观音阁均是辽代的原物。主建筑观音阁（图5-14）在造型上兼有唐的雄健和宋的柔和，是辽代建筑中的重要代表，也是中国现存双层楼阁建筑中最高的一座，以建筑手法高超著称。观音阁外观两层，内有一暗层，实为三层，高23米，面宽五间，进深四间。独乐寺自辽代重建以来，曾经受28次地震，几乎所有的房屋全倒塌了，唯独观音阁和山门丝毫未损。

图 5-13　大悲阁内的千手观音

图 5-14　天津蓟州独乐寺观音阁

山西省永济市的永乐宫是元朝道教建筑的典型。永乐宫是我国现存最大的一座元代道教宫观，是全真教三大祖庭之一，是为纪念唐代道教著名人物——八仙之一的吕洞宾而建的一处宫廷式道教建筑群。永乐宫规模宏伟，气势不凡，建筑面积为86 000多平方米。宫门、三清殿、纯阳殿、重阳殿排列在一条500米长的中轴线上。三清殿（图5-15）是永乐宫最大的殿，仅屋脊上的琉璃鸱尾就有3米高，三清殿保持着宋代特色，为元代官饰大木构典型。

图 5-15　山西省永济市的永乐宫三清殿

永乐宫内艺术价值最高的是精美的壁画。三清殿内的壁画是永乐宫壁画的精华，面积为403.34平方米。从画家题名的遗墨中可知，这些画完成于元代泰定二年（1325年）。4米多高、90多米长的巨幅壁画展现了天神们朝拜元始天尊的情景，因此被称为《朝元图》（图5-16）。古代的画师以惊人丰富的想象力，把200多个人物表现得惟妙惟肖。这些画面几乎是一幅幅活生生的社会生活的缩影。平民百姓梳洗、打扮、喝茶、煮饭、种田、打鱼、砍柴、教书、采药、闲谈；王公贵族、达官贵人宫中朝拜、君臣答礼、开道鸣锣；道士设坛、念经等动态跃然壁上（图5-17）。

图 5-16　永乐宫壁画《朝元图》（局部）

图 5-17　永乐宫重阳殿壁画（局部）

四、塔

此时期的砖石塔留存很多，形式丰富，构造进步，是中国砖石塔发展的高峰，除墓塔以外，大型砖石塔可分为楼阁式和密檐式。密檐式塔一般不能登临，多为实心，构造与外形比较划一，而楼阁式塔则比较多样。在这一时期重要的塔有山西应县佛宫寺释迦塔、河北正定开元寺塔、北京妙应寺白塔等。

阁楼式木塔多以木料建成，所以保存下来的较少，现存的有山西应县佛宫寺释迦塔（图5-18），其建于辽清宁二年（1056年），至今已历960多年，寺内大部分建筑已毁，唯此塔依然屹立，是我国保存最早和最高、最大的木塔。此塔在中国的无数木塔中，无论是建筑技术、内部装饰，还是造像技艺，都是出类拔萃的。塔平面呈八角形，高九层，其中有四个暗层，高67.3米，底层直径为30.27米，体形庞大。木塔采用分层叠合的明暗层结构，各暗层在内柱与内外角柱之

图 5-18　山西应县佛宫寺释迦塔

间加设不同方向的斜撑，类似现代结构中空间桁架式的一道圈梁的钢构层。塔的柱网和构件组合采用内、外槽制度，内槽供佛，外槽供人活动，全塔装有木质楼梯，可逐级攀登至各层，每登上一层楼，都有不同的景观。

木塔内名匾众多，价值珍贵，此塔自建成以来，引得许多帝王将相、官员绅士、佛门弟子、文人墨客等前来登临观赏、驻足塔下，留下许多赞颂的匾额和楹联（图5-19）。它们或叙事绘景，或写意抒情，文字精彩，寓意深长，书法遒劲，各有千秋。

开元寺塔位于河北省定州，因建于开元寺中而得名，又因为在宋代定州处于宋辽交界地带，登塔可以瞭望契丹，以料敌情，也名"料敌塔"（图5-20）。

开元寺塔是我国现存最高的砖木结构古塔，塔通高84.2米，塔身为八角形楼阁式，外部通体涂白色，从下至上按比例逐层收缩递减。塔分11层，塔基外围周长达128米。塔的平面呈八角形，由两个正方形交错而成。塔为砖砌，加有少量木质材料。塔的下九层东、西、南、北四个正面设券门，其余四个隅面辟棂窗（假窗），窗由大方砖雕琢而成。最上两层，则八面均辟为券门。门为拱券式，券外绘方形图案，设有砖雕门额、门簪。角脊的交汇处是砖砌的莲花瓣，其上是塔刹的铁座，塔刹高8.6米，由砖雕莲花瓣底座、束腰仰覆莲纹铁钵、两个铜制宝珠和一个铜制宝顶组成。塔内各层均有阶梯，顺级而上可达塔顶。塔心与外皮之间形成八角回廊，犹如大塔之中包着一座小塔。

图5-19　山西应县佛宫寺释迦塔匾额

图5-20　开元寺塔

妙应寺即白塔寺（图5-21），位于北京阜成门内。辽道宗寿昌二年（1096年），曾在此修建过一座佛舍利塔，后来此塔毁于兵火。元世祖忽必烈敕令在辽塔遗址上修建一座喇嘛塔，经过8年精心设计修建，于至元十六年（1279年）竣工。白塔通高50.9米，基座面积为810平方米，从下至上由塔座、塔身、相轮、华盖和塔刹五部分组成。塔座高9米，分为3层。下层为护墙，平面呈方形。

图5-21　北京白塔寺白塔外观

五、园林

园林作为文化的重要内容，经历千余年的发展"造极于赵宋之世"而进入完全成熟的时期，造园的技术和艺术达到历史的最高水平，形成中国古典园林发展史上的一个高潮阶段。

北宋园林集成唐代写实与写意并存的创作方法。到南宋时期已经完全写意化，体现出中国园林的主要特征，即从大自然的风景中提炼与概括，从而表现深邃的意境。宋室南迁后，传统园林建筑和江南自然环境的结合影响了明清园林。南宋私家园林和江南的自然环境相结合，创造了一些因地制宜的手法，筑山叠石之风盛行，产生了以莳花、造山为专职的匠工。

文人园林是中国古代士人文化艺术的综合结晶，对其他种类的园林甚至更广泛的艺术门类都有深刻的影响。宋代的文人园林与皇家园林不同，是以自然为其基本艺术宗旨的。这首先体现在园林的空间布局上：文人园林一般没有明确严整的轴线，它总是尽量选择或者创造出迂曲、委婉的地形、地貌，然后根据其开阖变化的空间，大致划分出山景、水景、建筑居住等功能不同的景区，并精心规划道路、游廊、山谷、溪涧等，将不同的景区和景点联络贯通为一个结构统一又充满景色和空间变化的完整作品。追求自然气息的山体和水体构成园林空间和园林景观的主干，是文人园林的基本造景方法。在建筑风格上，宋代文人园林与皇家园林、寺院园林中随处可见的那种富丽堂皇的风格迥然不同，文人园林中的建筑总是呈现出亲切自然、富于生活情趣的韵味。

宋画《金明池争标图》（图 5-22）是宋代画作中表现园林的代表。此图描绘了北宋都城东京金明池水戏争标的场面。画面苑墙围绕，池中筑十字平台，台上建圆形殿宇，有拱桥通达左岸。左岸建有彩楼、水殿，下端牌楼上额书"琼林苑"三字。池岸四周桃红柳绿，间有凉亭、船坞、殿阁。水中龙舟层楼高阁，人物活动于楼内外；龙舟两侧各有小龙舟五艘，每艘约有十人并排划桨，船头一人持旗；另有数只围游其间。画面左、下两侧的苑墙内外人群熙来攘往。

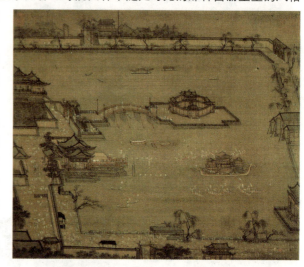

图 5-22　《金明池争标图》（宋）

第二节　建筑著作

宋朝建筑构件、建筑方法和工料估算在唐代的基础上进一步标准化、规范化，并且出现了总结这些经验的书籍——《营造法式》和《木经》。其中李诫所著的《营造法式》（图 5-23）是我国古代最全面、最科学的建筑学著作，也是世界上最早、最完备的建筑学著作。《营造法式》是北宋崇宁二年（1103年）颁刊的一部建筑典籍，也是一部由官方向全国发行的建筑法规性质的专书。

 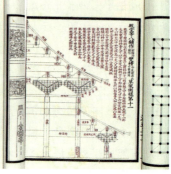

图 5-23　《营造法式》中的木构及建筑彩画

第三节　建筑装饰

宋、辽、金时期是木装修长足发展的时期，首先表现在装修品类的增加上，同时装修做工的精巧程度也大大提高。木雕技术被广泛地应用到装修部件中，构件表面的修饰增多，同时各种构件组合拼接的榫卯复杂多样，当时建筑中主要的装修有以下几类。

一、门

门有如下几种类型：

（1）板门：以木板拼接成的大门，广泛用作建筑乃至城镇的大门。板门既可安装在建筑物的一开间中，也可作为一幢独立的建筑出现在建筑群中，如独乐寺山门，其为现存最古的"门殿"。

（2）乌头门：是一种安装在围墙上的大门，为了使门与墙固定，需利用两根深埋地下的冲天柱来安装门扇，门扇上部为空棂条，下部为木板。

（3）格子门：门扇上带有透空格子，是当时殿堂中较为讲究的一种。空格有毬文、方格、斜方格等花样（图5-24）。现存河北省涞源县辽代阁院寺文殊殿和金代山西省朔县崇福寺弥陀殿，均保留了当时的格子门做法，但其花格与前述三种有所不同。另外，山西侯马、稷山金墓中的砖雕仿木格子门的花格纹样更为复杂，反映了宋金时代木装修的不断发展。格子门门扇下部的木板多带雕饰，在墓葬中的仿木格子门上，这种雕饰比比皆是。

图 5-24　北京银山塔林金代砖塔上的格子门

二、窗

除唐代常见的直棂窗外，《营造法式》记载了闪电窗、水纹窗，这几类窗都在继续使用，但都是不能开启的。这一时期流行能开启的"栏槛钩窗"，它功能实用，能开能合，做工讲究，形式美观。宋画《雪霁江行图》中就有这类窗。

三、吊顶

这一时期的吊顶主要有三种类型，即平棊、平暗、藻井。现存实物最有代表性的是宁波保国寺大殿的斗八藻井、平棊、平山，山西应县净土寺大雄宝殿的平棊、藻井（图5-25）。它们准确反映了北宋与金代在装修风格和技巧上的不同，前者较为粗犷，后者追求精细，这正是装修由粗向精发展的轨迹。

图 5-25　山西应县净土寺大雄宝殿的藻井

四、特殊的宗教建筑装修

寺院殿堂中，用来藏经的壁橱和可转动的经橱以及佛龛之类，是这一时期建筑装修的重点部分，它们都是以建筑模型的尺度出现在殿堂室内的。这类装修现存的有大同下华严寺薄伽教藏殿内的辽代重楼式壁藏、山西晋城二仙观的"天宫壁藏"佛道帐、河北正定隆兴寺转轮藏（图5-26）、四川江油云岩寺飞天藏等。

宋代是中国木构建筑彩画的蓬勃发展时期，它一反唐代以赤白装为主调的装饰手法，出现了五彩遍装（以青、绿、红为主色的五彩）、碾玉装（青绿色调）、青绿叠晕棱间装（退晕式）、介绿结花装、杂间装等多种风格和形式，并总结了一套用色经验。要求所绘画面深浅轻重任其自然，提倡用生动活泼的写生花卉，随其所绘不同题材和风格加以变化。《营造法式》对宋代彩画作了全面的记载，成为研究宋代彩画的可贵资料。

图 5-26　河北正定隆兴寺转轮藏顶部的木装饰

第四节　家具与陈设

宋、元两代是室内陈设艺术迅速发展的时期。其主要原因有二：一是因为从五代、北宋开始，人们普遍抛弃了沿袭已久的跪坐习惯，因而桌、椅等高足家具开始普及。二是宋代以后，士大夫对文玩嗜爱异常，文玩品种繁多，钟鼎书画、琴棋文具、名瓷异石等都成了他们陈列左右、终日玩赏之物，这促使室内陈设日益丰富精致，更富"书卷气"，这与汉唐时代或简单拙朴，或绮丽奢靡的室内装饰风格形成鲜明对比，推动了更多高足品类家具的发展。

高足家具的普及对室内陈设的发展至少有三重意义：

首先，为家具更趋艺术化提供了前提。以前的家具体量很小、器种稀少，因此虽经先秦至唐代的漫长岁月，但一直发展很慢，有时，人们对家具甚至不作任何艺术处理，如南朝著名学者刘善明"所居茅斋，斧木而已。床榻几案，不加划削"。宋代以后，这种情况迅速改变，器种日益丰富、造型日益优美的家具已是最重要的室内陈设。

其次，高足家具的普及以及其与室内"小木作"装修的相互映衬，使室内空间的艺术变化大为丰富。先秦至唐、五代，室内空间的分隔与变化主要依靠帷帐和屏风等遮蔽物来实现，而那时的家具因体量小，器形、器种简单，很难在这方面起到更大的作用。由于分隔空间手段的单一，那时的室内艺术变化并不丰富，室内空间的透视感也很有限。在宋代以后，由于隔扇门、落地罩等室内"小木作"的运用，室内空间的隔通变化更为灵活，空间上的延深感大大增加，在这样的室内加进各种高低错落的家具，其空间变化之丰富是不言而喻的。

最后，高足家具的普及使众多各式小型陈设品（如盆景、文玩）有了容身之地，并迅速成为室内陈设艺术的有机组成部分。

一、家具

宋代出现了一些新的家具，如圆形和方形的高几、琴桌、炕桌，以及私塾使用的儿童椅、凳、案和宴会中使用的长桌、连排椅等（图5-27）。

在造型上，宋代家具除北方个别地区因受唐末藩镇割据的影响，仍部分保持唐末厚重曲线风格外，绝大部分宋代家具都具有极其简约的结构，在形态上表现出极其素雅的装饰风格，从而体现出宋人节俭、简洁的审美观念（图5-28）。

由于地域与民族文化间的接近，元代家具较多地继承了辽金家具的风格，并有了较成熟的发展。元代家具形体厚重，造型饱满多曲，雕饰繁复，多用云头、转珠、倭角等线型作装饰，出现罗锅枨、展腿式等品种造型，总体上给人以雄壮、奔放、生动、富足之感。图5-29所示为元代黄花梨圆后背交椅，其脚踏及椅背转折处包有铁质加固件，靠背板上的云纹浮雕较为精致。

宋元时期家具的特点

图5-27 苏双臣《秋庭婴戏图》里的座墩（宋）

图5-28 《十八学士图》中的家具（宋）　　图5-29 元代黄花梨圆后背交椅

二、陈设

在很多现存实物和绘画作品中可以看到宋时室内陈设的文人风格。两宋时期的制瓷业有很大发展，除官窑外，民营瓷窑兴起。根据产品工艺、釉色、造型与装饰特点，形成了各种不同的窑系。宋代瓷窑有六大体系：北方地区的定窑系、耀州窑系、钧窑系、磁州窑系，南方地区的龙泉青瓷系、景德镇的青白瓷系（图5-30～图5-32）。另外，举世闻名的定、汝、官、哥、钧五大名窑也产生于这一时期，黑瓷、彩绘瓷也兴起，宋瓷成为最受欢迎的外销商品。

图 5-30　龙泉窑凤耳瓶（南宋）

图 5-31　景德镇青白瓷注子注碗（酒具）（宋）

图 5-32　吉州窑卷云纹瓷瓶（宋）

元朝统治者在景德镇专门设置"浮梁瓷局"掌管瓷器生产的有关事务，制瓷业逐渐形成向景德镇集中的趋势。景德镇瓷器生产代表了元代瓷器高超的工艺水平。元代瓷器造型丰富，多继承宋代式样，但也有所变化，形大、厚重是元代瓷器的共同特征。元代瓷器的装饰方法有刻、印、贴、堆、镂、绘等多种。青花为元代景德镇窑所创制，而以明宣德年间的制品为佳。青花烧制的成功，在我国制瓷史上具有特殊地位。从此，刻花、划花和印花等装饰技法退居次要地位。青花瓷器（图 5-33）的盛行改变了我国陶瓷器以青瓷为主的局面。明清两代，景德镇窑生产的青花瓷成为我国瓷器生产的主流。

图 5-33　青花缠枝牡丹纹大罐（元）

宋代对染织刺绣等纺织行业十分重视。北宋丝织业十分发达，花样品种和质量产量较前代有了明显的提高和扩大，主要品种有锦（图 5-34）、绫、纱、罗、绮、绢、缎、绸、缂丝等，以锦最为著名。其上织有各种花鸟、虫鱼、走兽、人物等优美图案。丝织业的发达也推动了印染业的发展和提高。印染在宋代已很普遍，绢绫布帛上也多有山水、楼阁、人物、花鸟、走兽等图案。

漆器的生产在宋代已很普遍。其漆器多为日用器皿，从考古发掘和传世作品来看，其品种主要有碗、盘、盒、奁、钵、

图 5-34　重莲团花锦（宋）

托、筒、几、盆、盂、勺、笔床、纸镇、画轴、扇柄等（图 5-35）。其器形式样丰富多变，同种类型的漆器各有多种不同的式样。

图 5-35　剔红花卉纹尊（元）

中国古代社会的文人士大夫一般都在厅堂和书房放置花几，上置一精致花盆，或植松柏，或设奇石。其用途不仅在于美化室内环境，更多是作为主人文化修养、身份层次的一种表现和象征。现藏于中国台北"故宫博物院"的宋画《十八学士图》中画有松树盆景，其造型古朴、苍劲（图5-36～图5-38）。

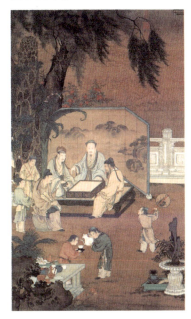
图5-36　宋画《十八学士图》（局部）中的陈设（一）

图5-37　宋画《十八学士图》（局部）中的陈设（二）

图5-38　宋画《十八学士图》（局部）中的陈设（三）

本章小结

本章简要介绍宋元时期的室内艺术设计的发展，该时期实现了对隋唐五代室内艺术设计的传承和改进，相关技艺也越发成熟，涌现出一大批室内艺术设计精品。

思考与实训

以元代瓷器为主题，收集资料并讨论。

CHAPTER SIX

第六章 明清时期

知识目标

了解明清时期的建筑发展状况，熟悉该时期的建筑装饰特色、家具与陈设的艺术特色和成就。

技能目标

能够系统概括和分析明清时期的建筑装饰和家具陈设的艺术特色，并合理利用。

明清时期是中国封建社会的末期，它经历了一个由兴到衰的过程。明、清两代初期，在政治和经济上都推行了一系列休养生息的措施以巩固统治，在中期达到繁盛，特别是明中叶后期资本主义萌芽的出现及康、雍、乾盛世，促进了建筑业的发展。明、清两代是国家长期统一和中国各民族文化大交流的重要时期，中国古建筑的现存实物绝大多数是明清遗留的。

明、清两代的建筑较之唐宋时期的建筑缺少创造力，趋向程式化和装饰化。明清建筑虽然在单体建筑的技术和造型上日趋定型，但在建筑群体组合、空间氛围的创造上取得了显著的成就，不仅在创造群体空间的艺术性上取得了突出成就，而且在建筑技术上也取得了进步。

第一节 建筑发展状况

明清时期经济的繁荣促发了建筑艺术发展的高潮。从都城、宫殿、陵墓到万里长城，都表现出宏大的气魄，显现出建筑设计水平的高超。在这一时期，造园活动十分活跃，更为普及和深入生活，在建筑选址、园林艺术、室内陈设等方面也富有成就。

一、都城与宫殿

1. 北京故宫

（1）建筑概况。北京故宫旧称紫禁城，始建于明永乐四年（1406年），于1420年基本竣工，为明朝皇帝朱棣始建。作为明、清两代的皇宫先后有24位皇帝在此办公、生活。北京故宫南北长961米，东西宽753米，面积约为72.5万平方米，建筑面积为15.5万平方米。宫城周围环绕着高12米、长3 400米的宫墙，形式为一长方形城池，墙外有52米宽的护城河环绕，形成一个壁垒森严的城堡（图6-1和图6-2）。

图6-1 北京故宫全景

图6-2 北京故宫角楼

北京故宫的建筑依据其布局与功用分为外朝与内廷两大部分。外朝与内廷以乾清门为界，乾清门以南为外朝，以北为内廷。外朝、内廷的建筑气氛迥然不同。

外朝以太和、中和、保和三大殿为中心，是皇帝举行朝会的地方，也称为"前朝"。它是封建皇帝行使权力、举行盛典的地方。此外两翼东有文华殿、文渊阁、上驷院、南三所；西有武英殿、内务府等建筑。故宫前部宫殿造型宏伟壮丽，庭院明朗开阔，象征封建皇权至高无上。

内廷以乾清宫、交泰殿、坤宁宫后三宫为中心，两翼为养心殿、东西六宫、斋宫、毓庆宫，后有御花园，是封建帝王与后妃居住之所。内廷东部的宁寿宫是当年乾隆皇帝退位后为养老而修建。内廷西部有慈宁宫、寿安宫等。此外还有重华宫、北五所等建筑。后部内廷庭院深邃，建筑紧凑，东西六宫自成一体，各有宫门、宫墙，其相对排列，秩序井然，再配以宫灯联对，绣榻几床，皆为满足豪华生活的需要。内廷之后是宫后苑。宫后苑里有岁寒不凋的苍松翠柏，有秀石叠砌的玲珑假山，楼、阁、亭、榭掩映其间，优美而恬静。

（2）前朝。太和殿（明朝称奉天殿、太和殿、皇极殿，图6-3）高35.05米，东西长63米，南北宽35米，面积为2 380平方米。太和殿是北京故宫诸殿中面积最大的一座，而且形制规格最高，重檐庑殿顶，是最富丽堂皇的建筑。太和殿是北京故宫中最大的木结构建筑，是北京故宫中最壮观的建筑，也是中国最大的木构殿宇。整个大殿装饰得金碧辉煌，庄严绚丽。太和殿是皇帝举行重大典礼的地方。太和殿有直径达1米的大柱72根，其中围绕御座的6根是沥粉金漆的蟠龙柱。殿内有沥粉金漆木柱和精致的蟠龙藻井。殿中间是封建皇权的象征——金漆雕龙宝座（图6-4），设在殿内高2米的台上，御座前有造型美观的仙鹤、炉、鼎，背后是雕龙屏。

图6-3 太和殿内景

图6-4 金漆雕龙宝座

太和殿、中和殿和保和殿都建在汉白玉砌成的8米高的Ⅰ形基台上,太和殿在前,中和殿居中,保和殿(图6-5)在后。基台三层错落有致,每层台上边缘都装饰有汉白玉雕刻的栏板、望柱和龙头,三台当中有三层石阶雕有蟠龙。用这样多的汉白玉装饰的三台,造型错落起伏,是中国古代建筑史上具有独特风格的装饰艺术。

(3)内廷。故宫建筑的后半部称为内廷,内廷宫殿的大门为乾清门,左、右有琉璃照壁,门内是后三宫。内廷以乾清宫、交泰殿、坤宁宫为中心,东、西两翼有东六宫和西六宫,是皇帝处理日常政务之处,也是皇帝与后妃居住生活的地方。后半部在建筑风格上不同于前半部。前半部建筑形象是严肃、庄严、壮丽、雄伟,以象征皇权至高无上。后半部则富有生活气息,建筑多是自成院落,有花园、书斋、馆榭、山石等。

图6-5 保和殿内景

乾清宫(图6-6)是明、清两代皇帝处理日常政事的地方。明代的14个皇帝和清代的顺治、康熙皇帝都以乾清宫为寝宫。它是后三宫之首,位于乾清门内。乾清宫在明清时期曾多次被损毁,现在的乾清宫是清朝嘉庆年间修建的。乾清宫是北京故宫的内廷正殿,坐落在汉白玉的台基之上,长9米,宽5米,高20米,建筑面积为1 400平方米。大殿的正中央有皇帝的宝座,两边还有暖阁,殿内有明间和东、西次间,彼此之间是相通的。在大殿宝座的正上方悬挂着一块匾额,上书"正大光明"四个大字,这是由清朝的顺治皇帝御笔亲书的。在匾额的后面还藏有"建储匣"。

图6-6 乾清宫殿内"正大光明"牌匾

养心殿(图6-7)为Ⅰ形殿,前殿面阔七间,通面阔36米,进深三间,通进深12米。其采用黄琉璃瓦歇山式顶,明间、西次间接卷棚抱厦。在前檐檐柱位,每间各加方柱两根,外观似九间。养心殿的名字出自孟子的"养心莫善于寡欲",即修养心性的最好办法是减少欲望。为了改善采光效果,养心殿成为北京故宫中第一个装上玻璃的宫殿。皇帝的宝座设在明间正中,上悬雍正御笔"中正仁和"匾。明间东侧的暖阁(图6-8)内设宝座,向西,这里曾经是慈禧、慈安两位太后垂帘听政之处。明间西侧的暖阁分隔为数室,有皇帝批阅奏折、与大臣密谈的小室,室内有匾,上曰"勤政亲贤"(图6-9),有乾隆皇帝的读书处三希堂(图6-10),还有小佛堂、梅坞,是皇帝供佛、休息的地方(图6-11)。

图6-7 养心殿明间陈设与藻井

图 6-8　养心殿东暖阁室内陈设

图 6-9　养心殿西暖阁室内陈设

图 6-10　养心殿西暖阁三希堂室内陈设

图 6-11　养心殿后殿皇帝寝室

坤宁宫是北京故宫内廷后三宫之一，坤宁宫在交泰殿后面，始建于明永乐十八年（1420年）。坤宁宫坐北朝南，面阔连廊九间，进深三间，采用黄琉璃瓦重檐庑殿顶。明代时这里是皇后的寝宫，在清顺治十二年（1655年）改建后成为萨满教祭神的主要场所。

坤宁宫的东端两间是皇帝大婚时的洞房（图6-12）。清朝皇帝大婚时要在这里住两天，之后再另住其他宫殿。房内墙壁饰以红漆，吊顶高悬双喜宫灯。洞房有东、西二门，西门里和东门外的木影壁内外都饰以金漆双喜大字，有出门见喜之意。洞房西北角设龙凤喜床，床铺前挂的帐子和床铺上放的被子都是江南精工织绣，上面各绣神态各异的100个顽童，称作"百子帐"和"百子被"，五彩缤纷，鲜艳夺目。

图 6-12　坤宁宫皇帝新房

储秀宫（图 6-13 和图 6-14）原名寿昌宫，是明清时期后妃居住的地方，为内廷西六宫之一。储秀宫位于北京故宫咸福宫之东、翊坤宫之北。储秀宫为单檐歇山式顶，面阔五间，前出廊。檐下斗拱、梁枋饰以苏式彩画。东西配殿为养和殿、缓福殿，它们均为面阔三间的硬山顶建筑。后殿丽景轩面阔五间，采用单檐硬山顶，东、西配殿分别为凤光室、猗兰馆。

图 6-13 储秀宫东次间

图 6-14 储秀宫东次间室内陈设

总之，清代北京宫城的建设除了维持并加强中轴对称布局，利用环境气氛的感染力反映皇权至上、统驭一切的威严气势外，更着重在改进分区功能、提高生活的适用性及增加装饰设施的华丽性方面进行大量的改造，这也是清代建筑发展的普遍特点。

二、天坛

天坛（图 6-15）是世界上最大的古代祭天建筑群。天坛位于北京天安门东南，始建于明永乐十八年（1420 年），原名"天地坛"，是明、清两代皇帝祭祀天地之神的地方，明嘉靖九年（1530 年）在北京北郊另建祭祀地神的地坛，此处就专为祭祀天神和祈求丰收的场所，并改名为"天坛"。

图 6-15 天坛

天坛的主体建筑是祈年殿（图6-16），祈年殿呈圆形，直径为32米，高38米，是一座有鎏金宝顶及三重檐的圆形大殿，殿檐颜色为深蓝，用蓝色琉璃瓦铺砌，以此象征天。祈年殿采用全砖木结构，没有大梁长檩，全靠28根木柱和36根枋桷支撑，其中四根高19.2米、直径为1.2米的"龙井柱"，象征一年四季；中间12根柱子象征一年12个月；外层12根柱子象征一天12个时辰；28根柱子象征天上的28星宿。

三、宗教建筑

图6-16　祈年殿九龙藻井

明清时期，各种宗教并存发展，宗教建筑兴盛，建造了许多大型庙宇，宗祠也广为流传，佛塔多种多样，形式众多。佛塔是中国佛教建筑的一个重要内容。佛塔按类型可分为三类，即佛塔、墓塔及经塔。历史上唐、宋、明是砖石塔的三个成熟与高峰时期。砖及造塔技术的发展为明代佛塔再兴提供了必不可少的条件。在造型上，塔的斗拱和塔檐很纤细，环绕塔身如同环带，轮廓线也与以前不同。由于塔的体型高耸，形象突出，在建筑群的总体轮廓上起了很大作用。

山西省洪洞县广胜寺飞虹塔（图6-17）位于山西洪洞县城东北17千米广胜寺内，为国内保存最为完整的楼阁式琉璃塔。塔身外表通体贴琉璃面砖和琉璃瓦，琉璃浓淡不一，在晴日映照下艳若飞虹，故得名。该塔始建于汉，屡经重修，现存为明嘉靖六年（1527年）重建，天启二年（1622年）该塔底层增建围廊。塔平面为八角形，十三级，高47.31米。该塔外部塔檐、额枋、塔门以及各种装饰图案（如观音、罗汉、天王、金刚、龙虎、麟凤、花卉、鸟虫等）均为黄、绿、蓝三色琉璃镶嵌，玲珑剔透，光彩夺目，形成绚丽繁缛的装饰风格，至今色泽如新，显示了明代山西地区琉璃工艺的高超水平。塔中空，有踏道翻转，可攀登而上，为我国琉璃塔的代表作。

图6-17　山西省洪洞县广胜寺飞虹塔

伊斯兰教建筑在明清时期形成了具有中国特色的形式，从形制原则上可分为两类：一类是回族建筑，如西安化觉寺（清真寺，图6-18）；另一类是维吾尔族建筑，代表建筑有新疆喀什的阿巴伙加玛扎。由于中国各地的建筑技术及材料不同，以及使用要求不同导致建筑规模、附属建筑、工艺特点、地方风格不同，产生了形式各异的清真寺建筑。回族清真寺是吸收汉族传统建筑的技艺发展形成的，可以说是最具东方情调的伊斯兰教建筑（图6-19）。

图6-18　西安化觉寺省心楼

图 6-19　北京牛街礼拜寺大殿内景

维吾尔族礼拜寺建筑装饰中的型砖拼花技术也有很高的成就，突出的实例为新疆吐鲁番的额敏塔（图 6-20）。该塔高 40 余米，环绕塔身砌筑不同纹饰的拼砖图案，同时随着塔直径的收缩而调整砖的尺寸及砌筑灰缝，以保持图案的完整构图。维吾尔族礼拜寺的装饰特点是大量运用几何纹样，采取并列、对称、交错、连续、循环等各种方式形成二方或四方连续的构图，变化无穷。这种刚直中又带有纤巧的艺术风格，在中国建筑装饰图案中是独具一格的。

图 6-20　新疆吐鲁番的额敏塔

甘肃夏河县的拉卜楞寺（图 6-21 和图 6-22）为藏传佛教六大寺之一（其余五寺为扎什伦布寺、甘丹寺、色拉寺、哲蚌寺、塔尔寺），建于康熙四十九年（1710 年），是由六大经学院、18 座佛寺及 18 座活佛公署和万余间喇嘛住房组成的，其规模巨大，几乎是一座小市镇。全寺背依龙山，面向大夏河，高大的建筑全部建在北面山坡脚下，向南展开布置公署、喇嘛住宅及佛塔、转经廊等，建筑层次十分明确。

图 6-21　拉卜楞寺远景

图 6-22　拉卜楞寺细部

真觉寺坐落在北京西直门外,始建于明成化九年(1473年),于清乾隆二十六年(1761年)大修,为避雍正帝胤禛讳,更名为正觉寺。因寺内建有五塔,故俗称五塔寺。明永乐年间(1403—1424年),印度僧人班迪达来到北京,献上金佛5尊和印度式"佛陀迦耶塔"图样。永乐帝下旨建寺造塔,明成化九年依所献图样建成。

金刚宝座塔(图6-23)由宝座和石塔两部分组成。宝座为7.7米的高台,由砖和汉白玉砌成,分6层,由下而上逐层收进0.5米,外观庄重。最下一层为须弥座,其上5层,每层是一排佛龛,每个佛龛内刻佛坐像一尊。

孔庙位于山东省曲阜市南门内,初建于公元前478年,以孔子的故居为庙,按皇宫的规格而建,是我国三大古建筑群之一。历代帝王不断加封孔子,扩建庙宇,到清代,雍正帝下令大修,将其扩建成如今规模为100座殿堂的建筑群。

孔庙内共有九进院落,以南北为中轴,分左、中、右三路,纵长630米,横宽140米,有殿、堂、坛、阁460多间,门坊54座,"御碑亭"13座,孔庙内的圣迹殿,十三碑亭及大成殿(图6-24)东、西两庑,陈列着大量碑碣石刻,特别是这里保存的汉碑,在全国是数量最多的,历代碑刻也不乏珍品,其碑刻之多仅次于西安碑林,因此有我国第二碑林之称。孔庙是中国现存规模仅次于北京故宫的古建筑群,堪称中国古代大型祠庙建筑的典范。

图6-23 真觉寺金刚宝座塔

图6-24 曲阜孔庙大成殿台阶细部

四、园林

中国传统园林艺术在明清时期达到顶峰。随着社会经济的发展和统治阶级的生活需要,明清时期的园林艺术出现了繁盛的局面,皇家苑囿和私人园林的数量、规模都大大超越前代,特别在绘画、诗文的影响下,在意境设计、气氛渲染上有不少值得重视的创造。

(1)园林类型。中国古代园林一般分为三种类型。一是皇家园林,其是专供帝王休息享乐的园林。其特点是规模宏大,真山真水较多,园中建筑富丽堂皇,建筑体型高大。现存著名皇家园林有北京的颐和园、北京的北海公园、河北承德的避暑山庄。二是私家园林,其是供皇家的宗室外戚、王公官吏、富商大贾等休闲的园林。其特点是规模较小,所以常用假山假水,园中建筑小巧玲珑、淡雅素净。现存的私家园林有北京的恭王府,苏州的拙政园、留园、沧浪亭、网师园,上海的豫园等。三是依风景名胜所建的园林,其主要面对游人而建,如杭州的西湖等。这类园林规模很大,大多把自然与人造的景物结合在一起。

中国古代七大园林

还可以按园林所处的地理位置将其分为三种。一是北方类型，北方园林因地域宽广，所以范围较大；又因大多为首都所在，所以建筑富丽堂皇。由于自然气象条件所限，河川湖泊、园石和常绿树木都较少。由于风格粗犷，所以在秀丽媚美方面显得不足。北方园林的代表大多集中于北京、西安、洛阳、开封，其中尤以北京园林为代表。二是江南类型，南方人口较密集，所以园林地域范围小；又因河湖、园石、常绿树较多，所以园林景致较细腻精美。因上述条件，其特点为明媚秀丽、淡雅朴素、曲折幽深，但其面积小，略感局促。南方园林的代表大多集中于南京、上海、无锡、苏州、杭州、扬州等地，其中尤以苏州园林为代表。三是岭南类型，因为其地处亚热带，植物终年常绿，又多河川，所以造园条件比北方园林、江南园林都好。其明显特点是具有热带风光，建筑物较高而宽敞。现存岭南类型园林有著名的广东顺德的清晖园、东荣的可园、番禺的余前山房等。

（2）园林建筑类型。园林中的建筑起着十分重要的作用。它可满足人们享受生活和观赏风景的愿望。中国自然式园林，其建筑一方面要可行、可观、可居、可游；另一方面起着点景、隔景的作用，使园林移步换景，渐入佳境，以小见大，又使园林显得自然、淡泊、恬静、含蓄。这是与西方园林建筑的不同之处。中国自然式园林中的建筑形式多样，有堂、厅、楼、阁、馆、轩、斋、榭、舫、亭、廊、桥、墙等。

（3）园林构景方式。在人和自然的关系上，中国讲究亲和协调，因此在历代的造园构景中运用多种手段来表现自然。到明清时期，构景手段更多，比如讲究造园目的、园林的命名、园林的立意、园林的布局、园林的微观处理等。在微观处理中，通常有以下几种造景手段，也可作为观赏手段：

①抑景。中国传统艺术历来讲究含蓄，因此园林造景也绝不会让人一走进门口就看到最好的景色，最好的景色往往藏在后面，这叫作"先藏后露""欲扬先抑""山重水复疑无路，柳暗花明又一村"。采取抑景的办法，能够使园林显得更有艺术魅力。如园林入口处常迎门挡以假山，这种处理方法叫作山抑。

②添景。当一处风景点（或自然的山，或人文的塔）在远方时，如果没有其他景点在中间、近处进行过渡，就会显得虚空而没有层次；如果在中间、近处有乔木、花卉作中、近处的过渡景，则景色会显得有层次美，这中间的乔木和近处的花卉，便叫作添景。如当人们站在北京颐和园昆明湖南岸的垂柳下观赏万寿山远景时，万寿山因为有倒挂的柳丝作为装饰而生动起来。

③夹景。当一处风景点（或自然的山，或人文的建筑，如塔、桥等）在远方时，其本身就有很高的审美价值，如果视线的两侧没有遮挡，就会显得单调乏味；如果两侧用建筑物或树木花卉屏障起来，则会使该处风景点显得富有诗情画意，这种构景手法即夹景。如在北京颐和园后山的苏州河中划船，远方的苏州桥主景为两岸起伏的土山和美丽的林带所夹峙，构成了明媚动人的景色。

④对景。在园林中，或登上亭、台、楼、阁、榭，可观赏堂、山、桥、树木等，或在堂、山桥等处可观赏亭、台、楼、阁、榭等，这种从甲观赏点观赏乙观赏点，从乙观赏点观赏甲观赏点的（构景）方法，叫作对景。

⑤框景。园林中建筑的门、窗、洞或乔木树枝抱合成的景框，往往把远处的山水美景或人文景观包含其中，这便是框景（图6-25）。

图6-25 框景（苏州拙政园）

⑥漏景。园林的围墙上，或走廊（单廊或复廊）一侧或两侧的墙上，常常设以漏窗，或雕以带有民族特色的各种几何图形，或雕以民间喜闻乐见的葡萄、石榴、老梅、修竹等植物，或雕以鹿、鹤、兔等动物，透过漏窗的窗隙，可见园外或院外的美景，这叫作漏景（图6-26）。

⑦借景。大到皇家园林，小至私家园林，它们的空间都是有限的。在横向或纵向上让人扩展视觉和联想，才可以小见大，最有效的办法便是借景。

图6-26　漏景（苏州拙政园）

（4）皇家园林。皇家园林在园林体系中起源最早，最为壮观，地位也最高，总体来说有以下几个特征：一是规模浩大、面积广阔、建设恢宏、金碧辉煌，尽显帝王气派，如清代的清漪园占地近300公顷；二是建筑风格多姿多彩，从中既可看到南方园林小巧的风格，如杭州苏堤六桥、苏州狮子林、镇江宝塔等景色，也可看到少数民族风格的塔、屋宇结构等的雄风，如北海的藏式白塔，甚至还吸收了欧洲文艺复兴时期的"西洋景"，如圆明园；三是功能齐全，皇家园林集处理政务、受贺、看戏、居住、游园、祈祷以及观赏、狩猎于一体，甚至设有"市肆"，以便买卖，如在著名的圆明园中，把做买卖的商业市街之景也设在其中。

明、清两代皇家在建造宫殿的同时，以巨大的人力与财力不断地营建园林，至清代康熙、雍正、乾隆时达到高潮。皇家园林集中于首都北京，有附属于宫廷的御苑，如故宫御花园、乾隆花园及三海等，也有建立在郊区风景胜地的离宫，如颐和园、圆明园等。此外，在某些地区还建有行宫，其中尤以承德避暑山庄最为著名，其建筑规模宏大。

①承德避暑山庄。承德避暑山庄也称热河避暑山庄或热河行宫，始建于清康熙四十二年（1703年）。建园的目的有巩固北疆、怀柔蒙古王公，以及定期举行"木兰秋狝"大型狩猎活动以锻炼军士等。同时，武烈河一带泉水甘美，山林茂密，环境静幽，雾霭露结，是修建园林和游息养性的合宜选地。康熙后期该园骨架规模已初步形成，承德避暑山庄分宫殿区、湖泊区、平原区、山峦区四大部分，并建有三十六景。承德避暑山庄于乾隆十六年（1751年）再度扩建，历时39年，园林景观得到进一步充实丰富，形成新的乾隆三十六景。每年皇帝在此居住甚久，此处成为清朝的第二政治中心。

正宫是宫殿区的主体建筑，包括九进院落，分为"前朝"和"后寝"两部分（图6-27）。主殿叫"澹泊敬诚"殿（图6-28），采用珍贵的楠木建设而成，因此也叫楠木殿。宫殿区是清帝理朝听政、举行大典和寝居之所，建筑风格朴素淡雅。

图6-27　承德避暑山庄的皇帝寝宫"烟波致爽"殿

图6-28　承德避暑山庄正殿"澹泊敬诚"殿

②颐和园。颐和园位于北京城西北,圆明园之西,玉泉山之东,全园面积约为290公顷,园内建筑以佛香阁为中心,园中有景点建筑物百余座,大小院落20余处,古建筑3 555处,面积为7万多平方米,共有亭、台、楼、阁、廊、榭等不同形式的建筑3 000多间。颐和园是我国现存规模最大、保存最完整的皇家园林,饱含中国皇家园林的恢宏富丽气势,又充满自然之趣。其中佛香阁、长廊、石舫、苏州街、十七孔桥、谐趣园、大戏台等都已成为家喻户晓的代表性建筑。

园中大致分为万寿前山、昆明湖、后山后湖三部分。以长廊沿线、后山、西区组成的广大区域,是供帝后们澄怀散志、休闲娱乐的苑园游览区。前山以佛香阁为中心,组成巨大的主体建筑群。万寿山南麓(图6-29)的中轴线上,金碧辉煌的佛香阁、排云殿建筑群起自湖岸边的云辉玉宇牌楼,经排云门、二宫门、排云殿、德辉殿、佛香阁,终至山巅的智慧海,重廊复殿,层叠上升,贯穿青琐,气势磅礴。昆明湖中,宏大的十七孔桥如长虹偃月倒映水面,湖中有一座南湖岛,十七孔桥和岸上相连。

图6-29 万寿山南麓的长廊

③圆明园。圆明园(图6-30)坐落于北京海淀,与颐和园毗邻。它始建于康熙四十六年(1707年),由圆明、长春、万春(绮春)三园组成,有园林风景百余处,建筑面积逾16万平方米,是清朝帝王在150余年间创建和经营的一座大型皇家宫苑。清王朝倾全国物力,集无数精工巧匠,填湖堆山,种植奇花异木,集国内外名胜40处,建成大型建筑物145处,内收难以计数的艺术珍品和图书文物。

圆明园汇集了当时江南若干名园胜景的特点,融中国古代造园艺术之精华,以园中之园的艺术手法,将诗情画意融于千变万化的景象之中。圆明园的南部为朝廷区,是皇帝处理公务之所,其中最著名的有供皇帝上朝听政的正大光明殿。其余地区则分布着40个景区,其中有50多处景点直接模仿外地的名园胜景。圆明园中还建有西洋式园林景区。最有名的"大水法"是一座西洋喷泉,还有万花阵迷宫以及海晏堂(图6-31)等,都具有意大利文艺复兴时期的风格。在湖水中还有一个威尼斯城模型,皇帝坐在岸边山上便可欣赏万里之外的"水城风光"。

图6-30 圆明园"方壶胜境"图

图6-31 圆明园海晏堂复原图

圆明园曾以其宏大的地域规模、杰出的营造技艺、精美的建筑群、丰富的文化收藏和博大精深的民族文化内涵而享誉于世，被誉为"一切造园艺术的典范"和"万园之园"。咸丰十年（1860年），英法联军占领北京，圆明园惨遭劫掠焚毁。

（5）私家园林。清代贵族、官僚、地主、富商的私家园林多集中在物资丰裕、文化发达的城市和近郊，不仅在数量上大大超过明代，而且逐渐显露出造园艺术的地方特色，形成北方、江南、岭南三大体系。

北方私家园林以北京最为集中，盛时城内有一定规模的宅园有150处之多，著名的有恭王府（图6-32）、萃锦园、半亩园等；城外园林多集中在海淀一带，著名的有一亩园、蔚秀园、淑春园、熙春园、翰林花园等，多为水景园。北方园林因受气候及地方材料的影响，布局多显得封闭、内向，园林建筑也带有厚重、朴实、刚健之美；叠山用石多为北方产的青石和北太湖石，体形浑厚、充实、刚劲；植物配置采用常绿与落叶树种交叉配置的方式，冬夏景观变化较明显；建筑用色较丰富，大部分建筑绘有色彩艳丽的彩画，以弥补植物环境的缺陷。

图6-32　北京恭王府室内陈设

图6-33　苏州拙政园见山楼

在清朝的康熙、乾隆时期，江南私家园林多集中在交通发达、经济繁盛的扬州地区，乾隆以后苏州转盛，无锡、松江、南京、杭州等地也不少，如扬州瘦西湖沿岸的二十四景（实际一景即一园），扬州城内的小盘谷、片石山房、何园、个园，苏州的拙政园（图6-33和图6-34）、留园（图6-35）、网师园，无锡的寄畅园等，都是著名的私家园林。江南气候温和湿润，水网密布，花木生长良好，这些都对园林艺术格调产生了影响。江南园林建筑轻盈空透，翼角高翘，又使用了大量花窗、月洞，空间层次变化多样。植物配置以落叶树为主，兼配以常绿树，再辅以青藤、篁竹、芭蕉、葡萄等，做到四季常青，繁花翠叶，季季不同。江南叠山用石喜用太湖石与黄石两大类，或聚垒，或散置，都能做到气势连贯，可仿出峰峦、丘壑、洞窟、峭崖、曲岸、石矶诸多形态。建筑色彩崇尚淡雅，粉墙青瓦，赭色木构，有水墨渲染的清新格调。

图6-34　苏州拙政园小飞虹

图6-35　苏州留园室内陈设

第二节 建筑装饰

明清时期建筑的艺术风格有了很大改变。宋元以来，传统建筑造型上所表现出的巨大的出檐、柔和的屋顶曲线、雄大的斗拱、粗壮的柱身、檐柱的生起与侧脚等特色逐渐退化，稳重、严谨的风格日趋消失，即不再追求建筑的构造美，而更注重建筑的组合、形体变化及细部装饰等方面的美学形式。中国古建筑的现存实物绝大多数是明清遗留，清代建筑装饰保存得也较为全面、系统。

清代建筑艺术在装饰艺术方面更为突出，它表现在彩画、小木作、栏杆、内檐装修、雕刻、塑壁等各方面。清代建筑彩画突破了明代旋子彩画的窠臼，官式彩画发展成为和玺、旋子和苏式彩画三大类。彩画工艺又结合沥粉贴金、扫青绿等手法来加强装饰效果，使建筑外观显得更加辉煌绮丽、多彩多姿。

一、清代建筑装饰艺术发展的特点

（1）建筑装饰手段急剧增多。清代建筑装饰的手段除了历史形成的彩绘、琉璃、油饰、雕刻以外，又引入了镶嵌、灰塑、嵌瓷。从材料上看，砖、木、石、瓦、油漆、颜料、玉石、金银、纸张、绢纱、景泰蓝、硬木、铜锡、玻璃等无所不用，扩大了装饰艺术的范围。这一时期的建筑装饰艺术与手工艺制作广泛结合，引用手工艺手法装饰建筑，使建筑装修与装饰表现出精巧、细腻的风格。有些装饰处理直接与工艺品结合，如天然式花罩雕刻、藻井雕刻、隔扇的雕版及花饰、屋顶灰塑花脊，以及隔扇门、屏门上的装裱字画、多宝格与文玩等。

（2）地方风格及流派风格形成。中国各地域的气候、地貌及人文背景有很大的差异，故清代建筑装饰艺术的地方特点鲜明，北方质朴，江南细腻，岭南繁丽。

（3）建筑装饰技法交流密切。清代建筑装饰技法交流广泛，南方对北方及宫廷产生很大影响。中西方交流也比较广泛，如欧式花叶雕刻，三角或拱形山花，西洋柱式及室内陈设的西洋玻璃灯、西洋银箱、西洋绿天鹅绒桃式盒、西洋幔子的引进等。进口的净片玻璃对清代中后期装饰装修影响很大。

（4）建筑装饰普及化。建筑装饰发展到清代，已经不仅限于宫廷、寺庙、陵寝、苑囿，还进入中产阶级的官宦、地主及富商的建筑中，私家园林及祠堂、大宅也皆有精工细刻的建筑装饰处理。同时，清朝对官民府第房屋的规制限定并不严格，沿用明制的三间五架，不许用斗拱、彩画的规定，而在装修装饰方面并没有更多的限制，因此官民建筑装饰得到普及和发展。

（5）建筑装饰向纯艺术方向倾斜。历代的建筑装饰多是图案式的表面处理，用几何纹样或经图案变形的动植物纹样间接地表现其构思内涵。清代建筑装饰明显有自然主义倾向，力求以逼真写实的图案传递信息，有的还要概括一部分情节内容，抽象想象减弱，具象表现性增强。后期艺术内容与建筑内容脱离，追求纯艺术表现，风格逐渐烦琐。

二、建筑彩画

建筑彩画是伴随着古代传统木构建筑的发展而产生的一种装饰及防朽手段。到清代时，新品种不断出现，规范严密，色调及装饰感极强。大量现存的清代彩画展现了建筑装饰艺术的一个高峰。依据清代官式建筑彩画的主要风格特征，建筑彩画主要分为和玺彩画、旋子彩画、苏式彩画三个种类。

（1）和玺彩画。清代建筑彩画最初是以旋子彩画为主的，清代初年和玺彩画产生以后，和玺彩画成为最高等级的彩画，旋子彩画下降到次要地位。和玺类彩画所运用的主题纹饰主要是龙、凤等，其所象征和体现的是至尊无二、皇权至上、神权至上，这类彩画在清代实际上是一种御用彩画，主要被用于皇宫等重要建筑以及敕建的重要殿堂，即朝寝或坛庙正殿，重要的宫门或宫殿主轴线上的配殿、配楼等。其他性质的建筑是绝对不能随意使用和玺彩画的。

根据内容的等级，和玺彩画分为金龙和玺、龙凤和玺、凤和玺、龙草和玺、龙凤方心西番莲灵芝找头和玺。太和殿、乾清宫、养心殿等宫殿多采用金龙和玺彩画（图6-36）。

（2）旋子彩画。旋子彩画（图6-37）以构成其主体图案的团花外层花瓣所采用的旋涡状花纹为突出特征。这类彩画有多种由高至低的严格的做法等级，在各种建筑中的运用非常广泛，如宫廷、庙宇、坛台、宫观等，它是清代官式建筑彩画的主要类别之一。

清代旋子彩画是从明代类似的官式旋子彩画直接演变而来的，其主体花纹的法式构成在清代早期已基本定型。至清中期虽有某些变化，但变化并不大。

图6-36　金龙和玺彩画

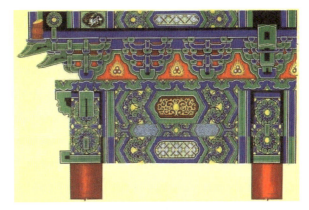

图6-37　旋子彩画

（3）苏式彩画。苏式彩画的"苏式"本义是指我国南方苏杭地区历史上流传下来的一种地方彩画做法。经较长时间的发展完善，苏式彩画具有北方官式彩画的特点和一定的生活气息，是主要用来装饰皇家园林建筑的新型彩画。

苏式彩画是一类彩画的总称，它有相对固定的格式，主要特征是在开间中部形成包袱构图或枋心构图，在包袱、枋心中均有各种不同题材的画面，如山水、人物、翎毛、花卉、走兽、鱼虫等，其成为装饰的突出部分。南方气候潮湿，彩画通常只用于内檐，外檐一般采用砖雕或木雕装饰；而北方则内外兼施。北方内檐苏式彩画与和玺、旋子彩画相同，采用狭长枋心，外檐常将檩、垫、枋三部分枋心连成一体，做成一个大的半圆形"搭袱子"，俗称"包袱"（图6-38和图6-39）。在包袱两侧均画有体量较小的聚锦、池子等陪衬性画面以及卡子、箍头等固定格式的图案，这些都是苏式彩画最常见的、基本的、共同的特征。

图6-38　枋心式与包袱式苏式彩画

图6-39　颐和园长廊的包袱式苏式彩画

三、木雕

木雕是中国古代建筑长期使用的装饰手法。明代时少量镂空雕和高浮雕配以线刻最为盛行（图6-40），主题占据大多数空间，没有留白。建筑雀替边缘只雕刻阴线，题材面传承元代之风，主要是火云纹和各种瑞兽，有少量人物题材出现。木雕在画面构图上反映动物、人物和场景之间的非常规比例，表现出一种突出主题的抽象美、行云流水的线条美、雕刻技法运用的古拙美。以梁

图6-40　明代隔扇天头花板装饰

托为例，其内容单一，正反面和侧面图案有的互相衔接，不设明显的边框。清代木雕在历史的基础上有了新的发展，表现在以下几个方面：

（1）雕饰从大型重要殿堂、庙宇建筑扩展到一般祠堂、民居、会馆等民用建筑上。雕饰部位及使用范围增加，如枋木、平台挂檐板、梁枋头、月梁、撑木等。

（2）雕刻内容从花卉、动物扩大到吉祥图案、人物图案、历史故事、民间戏剧等，有的还做成成套、成樘的连续画面，表意充分，构图丰富。

（3）工艺技法从平雕向立体化的高难度技法发展，出现了镂雕、玲珑雕等多层次的雕刻技法（图6-41～图6-43），力图在有限的画面上增加更丰富的内容。

图6-41　清中期木雕狮子　　　　图6-42　清中期窗花　　　　图6-43　清代中期人物牛腿装饰

清代时木雕在全国各地都有采用，较为集中的有三大地区。北方以北京宫廷为中心兼及民居园林，多为内檐装修木雕，外檐及构架装饰多依靠彩画。山西、陕西则盛行在外檐廊柱两侧雕饰木制罩牙。江南地区以浙江东阳为代表，影响遍及江、浙、皖、赣。东阳作为木雕之乡，小器作工艺十分发达，各种屏风、盆架、箱盒、摆设等物雕刻做工细致精良。到清代发展到建筑装饰上，其中以撑拱、前廊月梁、轩顶雕刻、格栅门、窗棂格等部位的雕饰最为繁丽。江南木雕多不作油饰或刷桐油、大漆，以显露木质的本色美。岭南地区则以广东潮汕为代表，分布在闽粤沿海地区，并影响我国台湾及东南亚华人聚居地区。这一地区注重雕品的立体性，并且多油饰红、黑油漆，刷金贴金，风格华贵热烈。

四、砖雕

中国砖雕是由东周瓦当、空心砖和汉代画像砖发展而来的，在明清时期逐渐成为一项装饰技术。明清制砖业发展迅速，逐渐出现高质量的雕琢用砖。明清对砖雕装饰门庭没有法制规定，故砖雕被大量民居、祠堂、会馆采用（图6-44）。砖雕耐久性好，适合作为外檐装饰材料，材料成本低，因此得到迅速发展。

图6-44 清代广州陈家祠堂砖雕

砖雕大多作为建筑构件或大门、照壁、墙面的装饰。由于青砖在选料、成型、烧成等工序上质量要求较严，所以它坚实而细腻，适宜雕刻。在艺术上，砖雕远近均可观赏，具有完整的效果。在题材上，砖雕以龙凤呈祥、和合二仙、刘海戏金蟾、三阳开泰、郭子仪做寿、麒麟送子、狮子滚绣球、松柏、兰花、竹、山茶、菊花、荷花、鲤鱼等寓意吉祥和人们喜闻乐见的内容为主。在雕刻技法上，主要有阴刻、压地隐起的浅浮雕、深浮雕、圆雕、镂雕、减地平雕等。砖雕应用较多的三大地区有北京、徽州、苏州。北京砖雕相较于苏雕、徽雕等南派砖雕更具艺术表现力，有皇家气派，题材以吉祥图案、花卉山水为主，人物比较少见；南派砖雕则更加细腻，题材以人物与故事为主，包括戏剧，如《二十四孝》《三国》《西厢记》等都在砖雕中有所体现。

五、隔断

清代在室内隔断（图6-45）方面积累了多样化的处理方式，表现出丰富的想象力和艺术造型，其是清代建筑的重要成就。

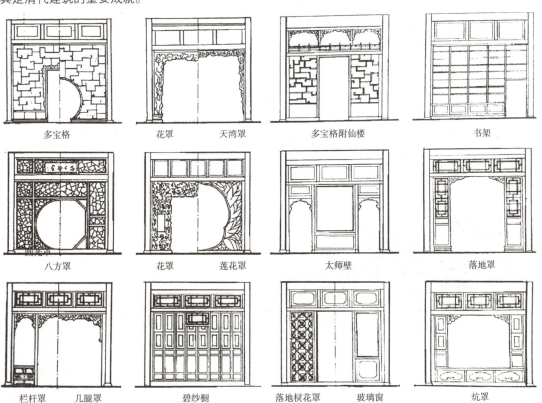

图6-45 清代内檐隔断种类

（1）木板壁。北方多以砖墙作隔断，表面多为抹灰，清水砖做细或做壁画。清代宫廷多刷黄色的包金土或贴金花纸，或在墙上裱糊贴络。清代宫廷建筑尚可用预制的木格框，裱糊夏布、毛纸等，粉刷成白色，固定在墙壁毛面上。南方民居墙壁装饰多依靠挂附的字画、挂屏。

（2）碧纱橱。碧纱橱（图6-46）是清代建筑内屋中的隔断，是室内分隔的构件之一，即室内用的隔扇门、格门，通常用于进深方向柱间，起分隔空间的作用。碧纱橱主要由槛框（包括抱框及上、中、下槛）、隔扇、横披等部分组成，每幢碧纱橱由4～12扇隔扇组成。除两扇能开启外，其余均为固定扇。在开启的两扇隔扇外侧装帘架，上装帘子钩，可挂门帘。碧纱橱的裙板、绦环上做各种精细的雕刻，通常采用两面夹纱的做法，上面绘制花鸟草虫、人物故事等精美的

图6-46　北京故宫太极殿西次间碧纱橱

绘画或题写诗词歌赋，装饰性极强。宫廷中在隔扇门上镶嵌宝石、螺钿。

（3）罩。清代文人李渔在室内装修的专论中写道："幽斋陈设，妙在日异月新。"罩通常是沿室内进深方向或面阔方向进行设置的，进深方向与室内露明的梁袱相对应，对梁、柱两侧的空间并没有加以阻隔，只是在视觉上作出区域的划分；在分隔的地方略加封闭，从而达到相对分隔或意向分隔的效果，营造出室内既有联系又有分隔的环境气氛，体现了实用性、艺术性和文化性三性合一的复合功能特性。罩具体可分为落地罩、几腿罩、栏杆罩、花罩、炕罩等（图6-47和图6-48）。

宫廷建筑内檐装修华丽考究，罩在材料上多用紫檀、花梨等名贵硬木。其制作工艺精益求精，汇聚百工技艺于一堂，如漆艺、镶嵌、镏金、珐琅、刺绣、绘画等，装饰精致豪华，充分展现了宫廷生活的精致与高雅（图6-49）。

图6-47　北京故宫储秀宫西次间几腿罩

图6-48　北京故宫储秀宫东次间八方罩

图6-49　清代《十二美人图》中的多宝格隔断

第三节　家具与陈设

一、家具

1. 明代家具

明朝时期社会经济的发展使手工业的生产规模和工艺水平达到前所未有的高度，这为家具制作水平的提高创造了有利的条件。明代朝廷对住宅有着严格的等级规定，住宅的平面和结构形制已经规范化，人们的注意力更多地集中在与日常生活密切相关的室内陈设和布置上，因此家具得到充分发展。厅堂楼阁、书斋别院等都需要精致的家具来布置空间，装饰环境，这在南方地区尤为突出。明代中叶后期沈周、文徵明、唐寅、仇英四大画家所形成的吴门画派，更促进了造园艺术的提高和室内陈设的发展。

明清家具：经典的优雅与从容

明代是中国家具设计和制作工艺的高峰时期。明代家具在宋、元家具的基础上发展并趋于完美。它的最大特点是以造型见长，并将选材、制作、使用和审美巧妙地结合起来，在制作上做到了方中有圆、拼接无缝、线脚匀挺、平整光滑等，并可根据不同的需求，合理采用多种不同的榫卯，不用胶接，使家具牢稳坚固，表现了家具制造的高超技巧。明代家具讲究选料，多用红木、紫檀、花梨、鸡翅木、铁梨等硬木，有的家具也采用楠木、榆木、樟木及其他硬杂木，其中黄花梨木效果最好。硬木是比较珍贵的木材，其木质坚硬而有弹性，本身的色泽纹理美观大方，因此明式家具很少使用油漆，只擦上透明的蜡，就可显示出木材本身的质感和自然美。明代家具的主要制作地点在北京、广州、苏州几处，因此有"京式""苏式""广式"之分。

（1）明代家具的种类。明代家具按其使用功能大体可分为卧具类（床榻）、坐具类（椅凳）、起居用具类（桌案）、屏蔽用具类（屏风）等门类。

①卧具类。明代床榻分为架子床（图6-50）、拔步床、罗汉床（图6-51）三种。架子床因床上有顶架而得名，一般四角装立柱，床面两侧和后面装有围栏。上端四面装横楣板，顶上有盖，俗名"承尘"。围栏常用小木块做榫拼接成各式几何图样。也有的在正面床沿上多装两根立柱，两边各装方形栏板一块，名曰"门围子"。正中是上床的门户。更有巧手工匠把正面用小木块拼成四合如意，中间夹十字，组成大面积的棂子板，中间留出椭圆形的月洞门，两边和后面以及上架横楣也用同样做法做成。床屉分两层，用棕绳和藤皮编织而成，下层为棕屉，上层为藤席，棕屉起保护藤席和辅助藤席承重的作用。藤席统编为胡椒眼形。四面床牙浮雕螭、虎、龙等图案。牙板之上，采用高束腰的做法，用矮柱分为数格，中间镶安绦环板，浮雕鸟兽、花卉等纹饰。环板与环板之间无一相同，足见做工之精。这种架子床也有单用棕屉的，做法是在四道大边沿起槽打眼，把屉面四边棕绳的绳头用竹楔镶入眼里，然后用木条盖住边槽。这种床屉因有弹性，使用起来比较舒适，在我国南方各地直到现在还很受欢迎。北方因气候条件的关系，喜欢用厚而柔软的铺垫，床屉的做法大多是木板加藤席。

图6-50　黄花梨木六柱式架子床（明）

图6-51　铁力木床身紫檀木围子罗汉床（明）

②坐具类。明代坐具（主要为椅凳）形式很多，名称也很多，椅类有交椅、圈椅、官帽椅、靠背椅、玫瑰椅等；凳类则有大方凳、小方凳、长条凳、长方凳、圆凳、五方凳、六方凳、梅花凳、海棠凳等样式；此外还有各种形式的绣墩。凳类和绣墩结构较椅类简单，下面仅介绍椅类。

圈椅（图6-52）是由交椅发展和演化而来的，交椅的椅圈后背与扶手一顺而下，就座时，肘部、臂部一并得到支撑，很舒适，颇受人们喜爱，逐渐发展成为专门在室内使用的圈椅。它和交椅的不同之处是不用交叉腿，而采用四足，以木板作为面，与平常椅子的底盘无大区别，只是椅面以上部分还保留着交椅的形态。这种椅子大多成对陈设，单独使用的不多。

圈椅的椅圈因是弧形，所以用圆材较为协调。圈椅大多采用光素手法，只在背板正中浮雕一组简单的纹饰，但都很浅。背板都做成S形曲线，它是根据人体脊柱的自然曲线设计的，也是明代家具科学性的典型例证。明代后期，有的椅圈在扶手尽端的卷云纹外侧保留一块本应去掉的木材，透雕一组卷草纹，既美化了家具，又起到加固作用。明代对这一样式极为推崇，因此，当时人们多把它称为"太师椅"。更有一种圈椅的靠背板高出椅圈并稍向后卷，可以搭脑。也有的圈椅椅圈从背板两侧延伸通过边柱后，但不延伸下来，成为没有扶手的半圈椅，造型奇特，可谓新颖别致。

官帽椅（图6-53）因其造型酷似古代官员的帽子而得名。官帽椅分为南官帽椅和四出头官帽椅。其中，南官帽椅的造型特点是在椅背立柱与搭脑的衔接处做出软圆角。其做法是将立柱做榫头，搭脑两端的接合面做榫窝，俗称"挖烟袋锅"。将搭脑横压在立柱上。椅面两侧的扶手也采用相同做法。正中靠背板用厚材开出S形，它是依据人体脊椎的自然曲线设计而成的。这种椅型在南方使用较多，多为花梨木制，且大多用圆材，给人以浑圆、优美的感觉。

玫瑰椅（图6-54）在宋代名画中曾有所见，明代更为常见，是一种造型别致的椅子。玫瑰椅实际上属于南官帽椅的一种。它的椅背通常低于其他各式椅子，与扶手高度相差无几。玫瑰椅在室内临窗陈设，椅背不高过窗台，配合桌案使用时不高过桌沿。这些与众不同的特点，使并不十分实用的玫瑰椅备受人们喜爱，并广为流行。玫瑰椅的名称在北京匠师们的口语中流行较广，南方无此名，而将这种椅子称为"文椅"。从风格、特点和造型来看，玫瑰椅的确独具匠心，这种椅子的四腿及靠背、扶手全部采用圆形直材，确实较其他椅式新颖、别致，具有珍奇、美丽的效果。

③起居用具类。桌子大体可分为有束腰和无束腰两种类型，其中，有束腰桌子（图6-55）是在桌子面下装饰一道缩进面沿的线条，有高束腰和低束腰之分。有束腰桌子无论束腰高低，它们的四足都削出内翻或外翻马蹄，有的还在桌腿的中部雕出云纹翅，这已成为有束腰家具的一个基本特征。

图6-52 黄花梨木透雕靠背圈椅（明）

图6-53 黄花梨木四出头官帽椅（明）

图6-54 黄花梨木玫瑰椅（明）

图6-55 紫檀插肩榫可拆装画案桌（明）

④屏蔽用具类。明代屏风大体可分为座屏风和曲屏风两种。座屏风又分为多扇和独扇两种。多扇座屏风有三、五、七、九扇不等。规律是都用单数。每扇用活榫连接，屏风下的插销插在"入"字形底座上，屏风上有屏帽连接。

独扇座屏风又名插屏，是把一扇屏风插在一个特制的底座上。底座用两条纵向木墩，正中立柱，两柱间用两道横梁连接。正中镶余腮板或绦环板，下部装披水牙。两条立柱前、后有站牙抵夹。两条立柱里口挖槽，将屏框对准凹槽，插下去落在横梁上，屏框便与屏座连为一体。这类屏风有大有小，大者可以挡门，小者可以摆在案头用以装饰居室。

（2）明代家具的特点。综上所述，明代家具的特点归纳如下：

一是造型简练，以线为主。明代家具的比例极为匀称、协调。例如，椅子、桌子等家具，其上部与下部，腿子、枨子、靠背、搭脑之间的高低、长短、粗细、宽窄，都令人感到十分匀称、协调，并与功能要求极为相合，没有累赘，整体感觉就是线的组合，刚柔相济，线条挺而不僵，柔而不弱，表现出简练、质朴、典雅、大方之美。

二是结构严谨，做工精细。明代家具的榫卯结构极富科学性。其不用钉子少用胶，不受自然条件（潮湿或干燥）的影响，制作上采用攒边等做法。在跨度较大的局部之间，镶以牙板、牙条等，既美观又加强了牢固性。时至今日，经过几百年的变迁，明代家具仍然牢固如初，足以体现其结构的高科学性。

三是装饰适度，繁简相宜。明代家具的装饰手法和装饰用材多种多样，但是决不贪多堆砌、曲意雕琢，而是根据整体要求，作恰如其分的局部装饰，使整体上保持朴素与清秀的本色，可谓适宜得体，锦上添花。

四是木材坚硬，纹理优美。明代家具充分利用了木材的纹理优势，发挥硬木材料本身的自然美，大多呈现羽毛、兽面等朦胧形象，令人产生无尽的遐想。其用材多为黄花梨、紫檀等高级硬木，这些材料本身具有色调和纹理的自然美。工匠们在制作时不加添饰，不作大面积装饰，充分发挥和利用木材本身的色调、纹理特长，形成了独特的风格和审美趣味。

2. 清代家具

清代家具以装饰见长，烦琐堆砌，富丽堂皇（图6-56～图6-58）。其因生产地区风格的不同，形成了不同的地方特色，最具代表性的有苏式、京式和广式。苏式继承了明代家具的特点，精巧简单，不求装饰；京式重蜡工，多用镂空；广式则很注重雕刻装饰，追求华丽。清代家具工艺在乾隆年间（1736—1795年）盛极一时，出现了许多能工巧匠和优秀的民间艺人，他们所制造的高级玲珑的家具，装饰华贵、风格独特、雕刻精巧，极富欣赏价值。清代家具造型浑厚、庄重，家具的装饰为多种材料并用，多种工艺结合，甚至在一件家具上也用多种手段和多种材料。但清代家具往往只注重技巧，一味追求富丽华设，烦琐的雕饰往往破坏整体感，而且造型笨重，触感不好，更不利于清洁。

3. 明清家具的装饰纹样

清代家具装饰纹样的运用与明代家具有共同的特点，其主要内容包括四个方面：首先是结构性装饰纹样；其次是花鸟虫鱼；第三是历史故事与神话传说；第四是反映民俗心态的装饰。

（1）结构性装饰纹样。结构性装饰纹样是在家具中既为了满足功能需要，又为了满足装饰需要的结构形式，如"井"字形结构、"十"字形结构、"丁"字形结构、不规则的三角形结构、圆形结构和弧形结构等，这些结构性装饰纹样体现出明清家具独特的结构美。

（2）花鸟虫鱼。花鸟虫鱼是明清家具装饰的常见内容，包括自然界的各种花草树木，各种昆虫，还有鱼类，如鲤鱼、草鱼等。这些自然界的装饰题材流露出一种自然情趣，表现出一种闲情雅致，具有陶冶性情的作用。

图6-56　紫檀木雕番莲云头搭脑扶手椅（清）　　图6-57　黑漆描金书柜式多宝格（清）　　图6-58　铜胎掐丝珐琅花卉图插屏［清（乾隆）］

（3）历史故事与神话传说。历史故事与神话传说是明清家具装饰的常见题材。历史故事有《桃园结义》《三英战吕布》《杨家将》等，神话传说有《八仙庆寿》《嫦娥奔月》《牛郎织女》《蟠桃大会》《西游记》《闹龙舟》等。这些题材反映出广大民众高尚的情操与美好的愿望，具有教化人伦、标榜形象的作用。

（4）反映民俗心态的装饰。反映民俗心态的装饰是明清家具装饰的主要内容，包括抽象性符号和寓意象征性形象。抽象性符号有"卍"字形花纹、盘长、方胜、回纹、如意头等，这些符号都带有祥兆之意，每种符号又有多种变化形式。寓意象征性形象有龙、凤、云、狮、象、鹿、鸡、桃、蝙蝠、佛手、莲花、石榴、葡萄、白菜、牡丹、葫芦、灵芝、蝴蝶、花生、扣碗、鱼、白鹤等。由它们组合而成的纹样有龙凤呈祥、年年有余、四季平安、万事如意、大吉大利、鱼跃龙门、福寿双全、五福捧寿、万象更新、和合二仙、一路连科等。这些符号和形象都具有特定的含义，体现了民俗心态和特定的文化内涵。

二、陈设

明清时期是工艺品、陈设品全面发展的时期，室内陈设的丰富性和艺术性远远高于其他朝代。明、清两代的文化艺术上承宋、元，继续发展，不断提高。同时，蒙古族、藏族、维吾尔族和满族等少数民族的生活习俗和文化特点对汉族传统文化产生了一定影响，极大地丰富了中华民族的文化传统。明、清两代对外贸易比较发达，在输出的同时，也引进了一些阿拉伯和欧洲国家和地区的工艺，并加以模仿、吸收、消化，这为明清时期工艺美术的发展注入了新的血液。这一时期的工艺美术前后经历了500多年的发展变化，形成了独特的风格。

清代的室内陈设品增多，品类丰富（图6-59～图6-63）。乾隆帝在宫廷内专设如意馆，集中全国工艺品制作方面的能工巧匠，制作宫廷装饰及陈设品。郎世宁、艾启蒙、冷枚、丁观鹏等一大批中外画家及工艺品制作者皆在此供职。如意馆的作品融汇了中西流派、南北风格，对清代建筑室内环境艺术产生了很大的影响。陈设品可分为两大类：一为供观赏、品味的艺术品，如古玩、字画、盆景、盆花等；二为具有一定实用价值的高档工艺品，如炉、盘、屏、灯、扇、架等。按陈列部位可将清代的室内陈设品分为四种：

（1）墙上挂贴的陈设品。墙上挂贴的陈设品有挂屏、挂镜、字画等。宫廷及府第的这类挂贴多配套陈列，有对镜、四扇屏、八扇屏等。字画装裱样式增多而变异。在宫廷园林中还有贴于墙上的成篇的文章，也有被称为通景画的大幅绘画，或仿西洋画法的线法画。对于一般住宅、堂屋、后壁，多悬中堂一幅，左、右对联一副，这是常见的格局。

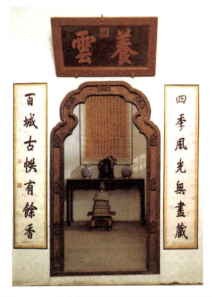

图 6-59　北京故宫重华宫翠云馆室内陈设　　　　图 6-60　北京故宫重华宫芝兰室室内陈设

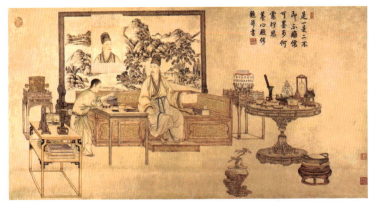

图 6-61　乾隆帝《是一是二图》中的室内陈设　　　图 6-62　北京故宫长春宫明间室内陈设

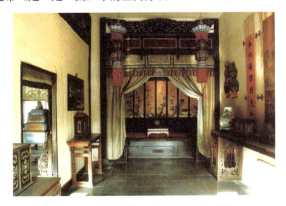

图 6-63　北京故宫长春宫室内陈设

（2）在案几、书案上陈列的陈设品。在案几上陈列的陈设品有文玩、瓷器、盆景、盆花等。在书案上陈列的陈设品的有文房四宝、水洗、笔架、烛台，以及进口的自鸣钟、座钟等物。凡陈设于几案之上的物件，皆有精美的硬木架座，宫廷内尚有玻璃罩盒。这些文玩名瓷也可以陈列在博古架、多宝格上，并可经常变换位置，调换品种。

（3）在地上陈列的陈设品。在地上陈列的陈设品有炉架、炉罩、围屏、插屏、帽架、书架、书匣、果盒等。这些陈设品是非常灵活的，增减随意，品种多样。在清宫苑囿内，皇帝居室皆需设宝座、御榻及香几、香炉、背扇、围屏等成套设施，仅圆明园内就有23套，每套不同，皆是十分精美的工艺品。

（4）吊顶悬挂的陈设品。吊顶悬挂的陈设品有灯笼、六角、八角、花罩上张挂的帐幔等。一般民居多用纸灯、纱灯、羊角灯，而宫廷内的宫灯则用硬木制作，款式翻新，有六角、八角、团形、扇形、串灯、子母灯，并加饰各种流苏、璎珞。宫灯的形式也流传到民间，成为一种重要的装饰品。

明清时期是我国瓷器发展史上的极盛时期。其特点是彩瓷得到巨大发展，器物造型、纹饰繁多而精美。在明代，景德镇开始成为中国瓷业中心。明清陶瓷艺术（图6-64）的突出成就之一是色釉和画彩发展到较高水平。盛行于元代的青花、釉里红此时取得独特的成就，雅致优美的斗彩、灿烂绚丽的五彩、柔润调和的粉彩、绘制精致的珐琅彩是此时期创造的新品种，白釉和单色釉瓷器也有很大发展。

图6-64　斗彩鸡缸杯［明（成化）］

明代景泰蓝（掐丝珐琅）工艺在元代大食窑的基础上迅速发展，其由内廷御用监设厂生产，专供皇家享用，以宣德年制御用监造款的云龙盖罐为代表。而景泰年间（1450—1457年）内廷作坊所制仅能维持前代水平而略有变化。此后历朝均有产品传世，万历掐丝珐琅器，以其掐丝短促放纵、釉色鲜艳热烈为特色，为珐琅器的一大变革。明代民间掐丝珐琅器产于北京、云南，专用于妇女闺阁中，不入文房。在清代，景泰蓝（图6-65~图6-67）在内廷与民间均极盛行。

图6-65　景泰蓝八宝三足炉（清）

图6-66　法花三彩莲塘盖罐［清（乾隆）］

图6-68　釉彩大瓶［清（乾隆）］

本章小结

本章简要介绍了明清时期的室内艺术设计发展脉络和特色，该时期繁荣的经济使室内艺术设计在各领域取得突破性成就，也为近代室内艺术设计的兴盛做好了铺垫。

思考与实训

简述明代家具的种类及特色。

第二篇
外国篇

PIECE TWO

CHAPTER SEVEN

第七章 古代时期

知识目标

熟悉古埃及、古希腊和古罗马的室内艺术设计发展脉络和成就。

技能目标

能够区别古埃及、古希腊和古罗马的建筑风格,发表自己的观点并进行评析。

人类大规模的建筑活动是在奴隶社会建立之后开始的。在奴隶社会时期,许多重大的建筑活动或多或少地反映了奴隶和奴隶主之间的矛盾。在奴隶社会时期,古埃及、古希腊、古罗马、叙利亚、巴比伦、波斯的建筑成就都比较高,对后世影响比较大。古埃及和波斯的建筑传统因历史的变迁而中断。2 000多年来,古希腊和古罗马的建筑虽然经历了中世纪的曲折,但在欧洲基本上一脉相承。欧洲人习惯把古希腊、古罗马文化称为古典文化,把它们的建筑称为古典建筑。

第一节 古埃及

古埃及的领土包括上埃及和下埃及两部分。上埃及位于尼罗河中游峡谷,下埃及位于河口三角洲。公元前3000年左右,古埃及成为统一的奴隶制帝国,古埃及的奴隶主直接从氏族贵族演化而来,民族公社没有完全破坏,公社成员受奴隶主奴役,地位同奴隶相差无几,形成了中央集权的君主专制制度。同时,发达的宗教为国家服务,产生了强大的祭司阶层。法老的宫殿、陵墓以及庙宇因此成为主要的建筑物,它们无不追求震慑人心的艺术力量。

由于尼罗河两岸缺少良好的建筑木材,古埃及劳动者多使用棕榈木、芦苇、纸草、黏土和土坯建造房屋,并且最迟至古王国时期,已经会烧制砖头,会用砖砌筑拱券。大约因为缺少燃料,缺少大材来制作模架,所以拱券结构在古埃及没有重大发展。

石头是古埃及主要的自然资源,劳动人民以异常精巧的手艺用石头制造生产工具、日用家具、器皿,甚至极其细致的装饰品。公元前4000年,早在用石头做工具的时候,劳动人民就已学会用光滑的大块花岗石板铺地面。公元前 3000 年，法老的陵墓和神庙开始用石材建造。古王国时期，大量极其巨大的纪念性建筑物砌筑得严丝合缝，没有风化的地方，至今连刀片都插不进去。在哈夫拉法老祀庙的入口处，有块石材长达 5.45 米，重达 4.2 万千克。在中王国时期，青铜工具还不多，人们却用整块石材制作了许多几十米高的方尖碑，最高的竟达 52 米，细长比大致为 1∶10。在新王国时期的神庙中，有些石梁的长度已经超过 9 米，而有的柱子竟长达 21 米左右。早在主要用石质工具的时期，古埃及的劳动者就在这些坚硬的花岗石上刻下了大量的浮雕，用巨大的雕像装饰纪念性建筑物。他们不仅在石材上雕出用木材或纸草所做的柱子的模样，甚至还逼真地刻出编织的苇箔的模样。

古埃及人用色强烈，效果突出。颜色主要用明快的原色（红、黄和蓝）以及绿色，也用白色和黑色，后来渐渐只在直线形的边缘处和有限的范围内应用强烈的色彩；在室内和吊顶上经常涂以深蓝色来表示夜晚的天空；在地面使用绿色，可能象征着尼罗河。

古埃及建筑经历了三个主要时期。

一是古王国时期。公元前 3000 年，氏族公社的成员还是主要劳动力，庞大的金字塔就是他们建造的。这一时期的建筑反映了原始的拜物教，纪念性建筑物单纯而开阔。二是中王国时期。公元前 21—前 18 世纪，手工业和商业发展起来，出现了一些有经济意义的城市；新宗教形成，从法老的祀庙脱胎出神庙的基本型制。三是新王国时期。公元前 16—前 11 世纪是古埃及最强大的时期，频繁的远征使古埃及掠夺了大量的财富和奴隶。奴隶是建筑工程的主要劳动者。最重要的建筑物是神庙，它们着重于营造神秘和威严的气氛。

一、陵墓

古埃及人特别重视建造陵墓。早在公元前 4000 年，除了庞大的地下墓室外，古埃及人还在地上用砖建造了祭祀用的厅堂，其形式可能源于对当时贵族的长方形平台式砖石住宅的模仿。其内有厅堂，墓室在地下，上、下有阶梯或斜坡甬道相连，后来的金字塔即由此发展而来。金字塔是古代埃及法老的陵墓，其建筑形式可分为阶梯形、角锥形、弯弓形和石棺形四种，在这四种形式的金字塔中，最有名的是角锥形金字塔。埃及的金字塔中，最大的一座是古王国第四王朝（约公元前 2613—前 2498 年）法老胡夫的金字塔。胡夫金字塔（图 7-1）原高 146.5 米，四边各长 230 米，因经数千年的风雨侵蚀，原覆盖于外表的石灰已经全部剥落，如今高度已降至 137 米，底边长 227.5 米，占地面积为 52 906 平方米，绕塔一周约有 1 千米的路程。整个塔身由 230 多万块石头叠成，平均每块重达 2.5 吨。每块石头全部经细工磨平，石块之间没有施泥灰之类的黏着物，完全依靠石块本身的重力紧紧压在一起，以致连一片小刀片都插不进去。胡夫金字塔至今已历时近 5 000 年，塔基还十分牢固，其外形并没有发生明显倾斜，棱角的线条仍然清晰可见。与胡夫金字塔相邻的是他的儿子哈夫拉的金字塔，再向西南，是胡夫的孙子孟考拉的金字塔。胡夫祖孙三代的金字塔大小各异，工程设计精确，艺术风格庄严，构成了吉萨金字塔群的核心。

图 7-1　胡夫金字塔和狮身人面像

大约公元前 2000 年，曼都赫特普三世墓（图 7-2）开创了新的型制。一进墓区的大门，是一条两侧密排着狮身人面像的石板路，长约 1 200 米。然后是一个大广场，广场中沿道路两侧排着法老的雕像。由长长的坡道登上一层平台，可见平台前缘的壁前镶着柱廊。平台中央有一座不大的金字塔，其正面和两侧造有柱廊。金字塔后面是一个院落，四面有柱廊环绕。再后面是一座有 80 根柱子的大厅，由它可进入面积较小的圣堂，圣堂凿在山岩中。

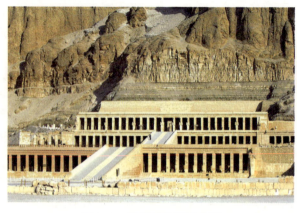

图 7-2　曼都赫特普三世墓

二、神庙

到了新王国时代（约公元前1567—前1085年），庙宇取代了金字塔，成为当时埃及的主要建筑。新王国时代的庙宇建筑以神庙为主。当时，太阳神阿蒙已成为埃及全国崇拜的主神，埃及的大多数神庙都是为供奉太阳神阿蒙而建造的。作为宗教建筑，神庙是古埃及人参拜神灵的主要场所。参拜神灵时所举行的宗教仪式，已成为古埃及人日常生活的一个重要组成部分。因此，古埃及神庙建筑的影响远远超过金字塔建筑的影响。

1. 古埃及神庙的布局风格

古埃及神庙建筑的布局遵循以下规则：古埃及神庙在总体上是南北向的长方形，在中轴线上有序地排列着神庙的塔门、露天庭院、柱子大厅、神殿、库房 5 部分。塔门即方形塔楼。塔楼前有或站或坐的巨大雕塑人像，使参观者在进入神庙之前就有庄严肃穆之感；露天庭院的三面都是柱廊，没有顶，只有巨大的柱子排列成行。民众只能进入庭院，节日仪式在露天庭院和柱子大厅举行。柱子大厅又叫礼仪大厅，有屋顶，只有僧侣可进入。神殿是神庙最神圣之处，黑暗狭窄，供奉着神的雕像，是神住的地方。普通的僧侣不准进入，只有祭司在节日庆典时才能进入。最后是库房，主要用来存放宗教仪式必需的物品。

2. 古埃及神庙的装饰

神庙空间装饰丰富，以浮雕和绘画为主，门墙，围墙以及大殿内的墙面、石柱、梁枋上都刻满了彩色浮雕。它们是叙述法老远征的一目了然的编年史，描摹了军事会议、狩猎、宿营、攻克城堡、激战及热烈欢迎法老满载战利品回到埃及的场面，题材丰富，构图变化多端。新王国时期规模最大的是卡纳克和卢克索两处的阿蒙神庙。

卡纳克神庙（图 7-3 和图 7-4）是在很长的时间里陆续建造起来的，是古埃及帝国遗留的最壮观的神庙，因浩大的规模而闻名世界，仅保存完好的部分占地就达 30 多公顷。主神殿是一间柱子林立的柱厅，宽 103 米，进深 52 米，面积达 5 000 平方米，内有 16 列共 134 根高大的石柱，气势宏伟，令人震撼。中间两排 12 根柱子高 21 米，直径为 3.6 米，支撑着神庙当中的平屋顶；两旁柱子较矮，高 13 米，直径为 2.7 米。

卢克索神庙（图 7-5 和图 7-6）是底比斯主神阿蒙之妻穆特的神庙，规模仅次于卡纳克神庙。卢克索神庙长 262 米，宽 56 米，由塔门、庭院、柱厅、方尖碑、放生池和诸神殿构成。

古埃及神庙的建筑形式和柱式结构对地中海沿岸民族的建筑式样产生了巨大影响，并通过古希腊的柱式而影响现今的廊柱式建筑。

图 7-3　卡纳克神庙

图 7-4　卡纳克神庙的石柱

图 7-5　卢克索神庙的入口和方尖碑

图 7-6　卢克索神庙的石柱

三、方尖碑

方尖碑是古埃及的又一建筑杰作，也是除金字塔以外古埃及文明最富有特色的建筑。方尖碑具有三种作用：一是宗教作用，常用来供奉太阳神阿蒙；二是纪念作用，常用来纪念法老在位若干年的功绩；三是装饰作用。同时，方尖碑也是古埃及帝国权力的强有力的象征。

方尖碑外形呈尖顶方柱状，由下而上逐渐缩小，其断面呈正方形，上小下大。其用整块花岗岩制成，碑身刻有象形文字的阴刻图案。方尖碑顶端形似金字塔尖，以金、铜或金银合金包裹，当旭日东升照到碑尖时，它就会像耀眼的太阳一样闪闪发光。古埃及方尖碑常成对竖立在神庙的入口处。从中王国时代（约公元前 2133—前 1786 年）起，法老们会在大赦之年或炫耀胜利之时竖立方尖碑，而且通常将其成对地竖立在神庙塔门前的两旁。古埃及的方尖碑后被大量搬运到西方国家。立于卢克索神庙塔门前的一对方尖碑为拉美西斯二世所建，其中的一座现仍立于原处，碑高 25 米；另一座已被法国人劫走，现竖立在巴黎协和广场（图 7-7）。

图 7-7　法国巴黎协和广场上的古埃及方尖碑

三、家具与陈设

古埃及是最早的人类文明发祥地之一,其传承下来的古老文化对后世各时期、各国家的文化艺术产生了深远的影响。尤其是在家具文化艺术中,许多后世作品都有古埃及的某些痕迹。

古埃及家具有如下特征:由直线组成,直线占优势;床和椅(延长的椅子)多用动物腿脚(双腿静止时的自然姿势,放在圆柱形支座上)式装饰,其有矮的方形或长方形靠背和宽低的座面,侧面呈内凹或曲线形;采用几何或螺旋形植物图案装饰,用贵重的涂层和各种材料镶嵌;用色鲜明,富有象征性;凳和椅是家具的主要组成部分,有为数众多的柜子用于储藏衣被、亚麻织物。这一时期的椅子、凳子和床等家具多以宝石、象牙、乌木、金银镶嵌装饰,还有精致的雕刻和水性涂料。从古埃及的壁画中可以发现,当时的工匠已经能使用锯、斧、刨、凿、弓、锥、刀、磨石等工具,因此古埃及家具的结构十分先进。古埃及家具大量采用了榫卯、搭接结构,木钉加金属件也已得到普遍使用。以最能体现社会秩序的坐具为例,其就有宝座、王妃椅、礼仪用椅、双人长椅和使用灵活的折叠凳等(图7-8~图7-10)。

图7-8 图坦卡蒙墓出土的王座

图7-9 图坦卡蒙墓出土的由象牙镶嵌的椅子

图7-10 图坦卡蒙墓出土的脚凳

在室内陈设品方面,图坦卡蒙墓出土的精美用品(图7-11~图7-13)是著名的实例,有些木盒上还镶有象牙装饰,用于存放化妆品和私人装饰品。这些用品具有古埃及设计的典型色彩和装饰花纹,体现了古埃及的装饰风格。这些用品在设计上注重几何形的比例关系,尤其是黄金分割比的关系。

图7-11 图坦卡蒙墓出土的画有法老杀敌画面的箱子

图7-12 图坦卡蒙墓出土的棋盘

图7-13 图坦卡蒙墓出土的杯子

第二节　古希腊

古希腊的地理范围，除了现在的希腊半岛外，还包括整个爱琴海区域和北面的马其顿和色雷斯、亚平宁半岛及小亚细亚等地。早在古希腊文明兴起之前约800年，爱琴海地区就孕育了灿烂的克里特文明和迈锡尼文明。古希腊是欧洲文化的摇篮。由于宗教在古代社会具有重要的地位，因此古代国家的神庙往往是这一国家建筑艺术最高成就的代表，古希腊也不例外。现存的古希腊建筑物遗址主要是神殿、剧场、竞技场等公共建筑，其中尤以神殿为古希腊的重要活动中心，它最能代表古希腊的建筑风貌。

探寻古希腊艺术

一、早期建筑空间

1. 克里特岛米诺斯王宫

从米诺斯王朝的城市发掘中，可以看到其每层都为土砖结构。米诺斯王宫（图7-14和图7-15）曾多次改建和扩建，占地约2.2万平方米，宫内厅堂库房总数在1 500间以上，宫内楼层相接，最高处可达5层，厅堂馆舍神秘奇巧，梯道走廊曲折复杂，在希腊神话中被称为"迷宫"。其建筑风格以灵便精巧取胜，喜用上粗下细的木柱。米诺斯王宫建筑物上都涂有亮丽的色彩，并且有很多装饰壁画，为居住环境增添了舒适的气氛。这些壁画的主题大多来自大自然，如海浪、海草、章鱼、海豚等，充分显示了米诺斯艺术中充满律动和欢愉的气氛。

图7-14　米诺斯王宫　　　　图7-15　米诺斯王宫王室觐见厅

2. 迈锡尼卫城

迈锡尼卫城是迈锡尼文明的杰出代表，它建造在一个可以俯瞰平原的山头之上，周围用6米厚的巨石垒砌成的石墙围护。迈锡尼卫城的内部以宫殿为中心，周围分布着住宅、仓库和陵墓等建筑。迈锡尼卫城的入口是著名的狮子门（图7-16）。整个迈锡尼卫城外围由巨大的回形墙围绕，墙体窄处为3米，宽处为8米。迈锡尼文明以城堡、圆顶墓建筑及精美的金银工艺品著称。

图7-16　迈锡尼卫城入口的狮子门

二、庙宇建筑空间

希腊最早的神庙建筑只是贵族居住的长方形、有门廊的建筑。在他们看来神庙是神居住的地方，而神不过是更完美的人，因此神庙也不过是更高级的人的住宅。后来加入柱式，神庙由早期的"端柱门廊式"逐步发展为"前廊式"，即神庙前面门廊由四根圆柱组成，以后又发展为"前后廊式"，到公元前6世纪前后，廊式又演变为希腊神庙建筑的标准形式"围柱式"，即长方形神庙四周均用柱廊环绕起来。

1. 柱式

古希腊的建筑自公元前7世纪末开始，除屋架之外，均采用石材建造。神庙是古希腊城市最主要的大型建筑，其典型型制是围廊式。由于石材的力学特性是抗压不抗拉，造成其结构特点表现为密柱短跨，柱子、额枋和檐部的艺术处理基本上决定了神庙的外立面形式。古希腊建筑艺术的种种改进也都集中在这些构件的形式、比例和相互组合上。公元前6世纪，这些形式已经相当稳定，有了成套定型的做法，即以后古罗马人所称的"柱式"（图7-17）。希腊神殿的柱式是西洋古典建筑的精髓之一。一般而言，一根柱子分为柱头、柱身与柱基三个部位。

（1）多立克柱式。希腊多立克柱式（Doric Order）的特点是比较粗大雄壮，没有柱础，柱身有20条凹槽，柱头没有装饰。多立克柱式又被称为男性柱。著名的雅典卫城的帕提农神庙采用的即多立克柱式。

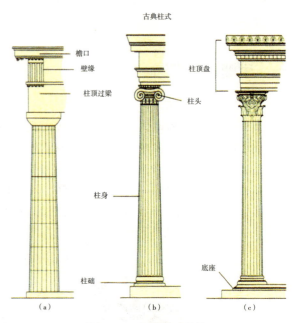

图 7-17　古希腊建筑柱式
（a）多立克柱式；（b）爱奥尼柱式；（c）科林斯柱式

（2）爱奥尼柱式。希腊爱奥尼柱式（Lonic Order）的特点是比较纤细秀美，柱身有24条凹槽，柱头有一对向下的涡卷装饰。爱奥尼柱式又被称为女性柱。爱奥尼柱式由于其优雅高贵的气质，广泛出现在古希腊的建筑中，如雅典卫城的胜利女神神庙和伊瑞克提翁神庙。

（3）科林斯柱式。希腊科林斯柱式（Corinthian Order）比爱奥尼柱式更为纤细，柱头用毛茛叶作装饰，形似盛满花草的花篮。相对于爱奥尼柱式，科林斯柱式的装饰性更强，但是在古希腊的应用并不广泛。雅典的宙斯神庙采用的是科林斯柱式。

2. 帕提农神庙

帕提农神庙（图7-18和图7-19）是古希腊神庙中最杰出的代表，是雅典卫城中最主要的建筑物。它是供奉雅典娜女神的最大神殿，建于公元前5世纪中叶。神庙用白色大理石砌成，外部呈长方形，庙内设前殿、正殿、后殿。庙底部有三层基座，从基座的最上一层计算，神庙长69.54米，宽30.89米。基座上由46根圆柱组成的柱廊围绕着带墙的长方形内殿，柱廊的东、西面各有8根柱子，南、北面各有17根柱子。圆柱的基座直径为1.9米，高10.44米，每根圆柱都由10～12块刻有20道竖直浅槽的大理石相叠而成，它有方形柱顶石、倒圆锥形柱头、额枋，檐口等处有镀金青铜盾牌和各种纹饰，还有珍禽异花装饰雕塑。由92块白色大理石饰板组成的中楣饰带上有描述希腊神话内容的连环浮雕。

3. 伊瑞克提翁神庙

伊瑞克提翁神庙（图7-20和图7-21）位于帕提农神庙的对面。这是一座爱奥尼式神殿，建于公元前421—前405年，是伯利克里制定的重建卫城山计划中最后完成的重要建筑。伊瑞克提翁神庙因

图 7-18 帕提农神庙

图 7-19 帕提农神庙柱式细部

其形体复杂和精致完美而闻名于世。它的东立面由 6 根爱奥尼柱构成入口柱廊，西部地基低，西立面在 4.8 米高的墙上设置有柱廊。西部的入口柱廊虚实相映。南立面的西端，凸出一个小型柱廊，用女性雕像作为承重柱，她们身着束胸长裙，轻盈飘逸，亭亭玉立，是这座神庙最引人注目的地方，在古典建筑中十分罕见。雕像正面朝南，在白色大理石墙面的衬托下格外清晰悦目。考虑到越来越严重的空气污染问题，如今暴露在室外的这 6 根女神石柱全部是复制品，原作中的 5 根石柱保存在卫城博物馆充满氮气的陈列柜里。

图 7-20 伊瑞克提翁神庙

图 7-21 伊瑞克提翁神庙女神柱廊

三、世俗性建筑空间

1. 埃庇道鲁斯剧场

埃庇道鲁斯剧场（图 7-22）是古希腊著名建筑师阿特戈斯和雕刻家波利克里道斯的杰作，坐落在一座山坡上，中心的舞台直径为 20.4 米。歌坛前的 34 排大理石座位依地势建在环形山坡上，次第升高，像一把展开的巨大折扇，全场能容纳 1.5 万余名观众。这个巨大的露天剧场是古希腊古典主义后期建筑艺术的最大成就之一。

图 7-22 埃庇道鲁斯剧场

2. 住宅

古希腊的住宅一般都是单一的组合形式，围绕着一个露天的院子进行房间的布设（图7-23）。城市中的一些住宅紧邻街道，除入口之外，大部分外墙都没有装饰。当时的建筑材料主要是日晒砖，有时也用粗石砌筑并将表面粉刷成白色。平面布置的变化根据不同家庭的喜好而定，但很少有对称或其他规则式的布置。厅堂是一种带门廊的客厅，与入口靠近，主要供男主人和他的朋友们使用。另外，露天的院子常被廊柱围绕，这是一种起居与工作空间，还有厨房和卧室，这些空间主要供妇女和儿童使用。较大的住宅有时包括二层楼，但极少住宅有两个院子。

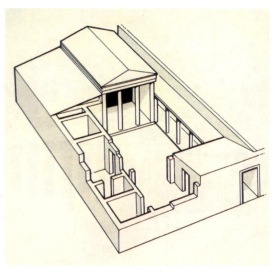

图7-23 典型希腊住宅复原图

四、家具与陈设

1. 家具

古希腊家具种类主要有椅、桌、凳、床、长榻等。古希腊家具的造型特征最能反映古希腊人对形式美的追求。在古希腊家具设计中，古希腊人摒弃了古埃及造型中的刻板与亚述、波斯的大尺度及装饰上的冗余琐碎。古希腊的躺床在造型及装饰上轻盈而简洁。在采用动物腿足作为装饰时，古希腊人将古埃及人的同方向布局改为更为均衡美观的对称形式，即四足均向外或均向内。古希腊家具的装饰纹样有植物纹样、动物纹样与几何纹样等，其中许多动植物纹样同古埃及和亚述的类似，如莲花、斯芬克斯、天鹅、鹰、棕榈等，只是在具体处理及艺术思想上有所差异。几何纹样一般与动植物纹样结合运用，主要用来调整构图效果和起装饰作用。古希腊家具没有实物遗存，但今人可以从希腊绘画的形象上，尤其是花瓶和其他陶器上的绘画形象中明晓其家具设计的基本概念。例如，在西吉斯托石碑上的浮雕（图7-24）中，一位妇女优雅地坐在一个新颖的希腊式座椅上。这种椅子又被称为克里斯莫斯椅，其向外弯曲的木椅腿支撑着一个方形的框架，上面垫有由皮革制成的坐垫，后椅腿继续向上形成椅背，在椅子前面还有踏脚板。

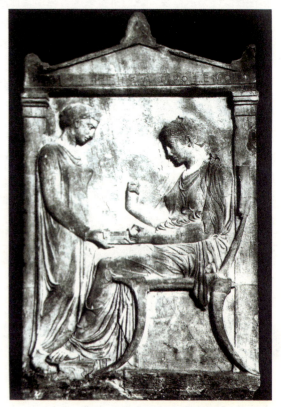

图7-24 西吉斯托石碑上的浮雕

2. 陈设

陶器是古希腊人的生活必需品和外销产品，具有实用和审美意义。希腊陶器工艺先后流行过三种艺术风格，即"东方风格""黑绘风格"和"红绘风格"。东方风格是公元前7世纪至公元前6世纪流行的一种陶器工艺，由于对东方出口，因此考虑到东方人的审美和实用需要。其首先表现在以动植物装饰纹样为主，有时直接采用东方纹样；其次是增强了装饰趣味，将动植物加以图案化。黑绘风格（图7-25）是指在红色或黄褐色的泥胎上，用一种特殊的黑漆描绘人物和装饰纹样。红绘风格（图7-26）与黑绘风格相反，即陶器上所画的人物、动物和各种纹样皆用红色，而底子则用黑色，故又称红彩风格。

图 7-25　古希腊黑绘风格双耳瓶　图 7-26　古希腊红绘风格双耳壶

第三节　古罗马

　　古罗马艺术继承了古希腊艺术的成就，在建筑形制、技术和艺术方面广泛创新。古罗马艺术成就很高，古罗马建筑规模大、质量高、分布广、类型丰富、形制成熟、艺术形式完善、设计手法多样、结构水平很高，达到了奴隶制社会建筑的最高峰。古罗马艺术对欧洲乃至全世界之后几千年的艺术产生了巨大而深远的影响。

一、建筑技术上的发展

1. 古罗马五柱式

　　古罗马柱式继承了希腊柱式的风格，根据新的审美要求和技术条件加以改造和发展（图7-27）。古罗马人完善了科林斯柱式，将其广泛用来建造规模宏大、装饰华丽的建筑物，并且创造了一种在科林斯柱头上加上爱奥尼柱头的混合式柱式，更加华丽。古罗马人改造了希腊多立克柱式，并参照伊特鲁里亚人传统发展出塔斯干柱式。

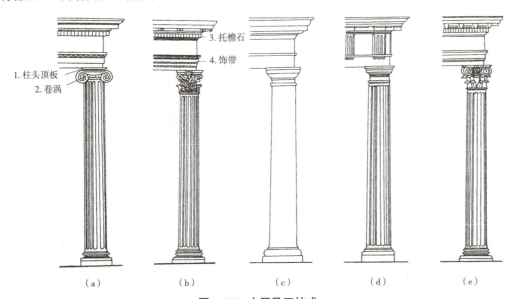

图 7-27　古罗马五柱式
（a）爱奥尼柱式；（b）科林斯柱式；（c）塔斯干柱式；（d）多立克柱式；（e）混合式柱式

2. 拱券和穹顶

拱券结构是罗马人在空间构筑上最大的特色和成就之一。罗马建筑的典型布局、空间组合、艺术形式等都与拱券结构有着密不可分的联系，罗马建筑的宏伟壮丽也正源于此。这一时期出现的拱券结构主要是筒形拱和交叉拱，其结构原理在于每一个券的侧推力被相邻的侧推力所平衡，而在整个结构的最边沿，侧推力被厚重的墙体吸收（图7-28）。半圆形拱券为古罗马建筑的重要特征，尖形拱券则为哥特式建筑的明显标志，而伊斯兰建筑的拱券则有尖形、马蹄形、弓形、三叶形、复叶形和钟乳形等多种。随着拱券技术的进一步成熟，古罗马人还发展了穹顶结构，一座穹顶只能覆盖一个圆形空间，并要求沿它的周边进行支撑。

二、庙宇建筑空间

万神庙（图7-29和图7-30）是古罗马建筑艺术的结晶，对西方建筑的发展有着举足轻重的影响。如今，圆厅加柱廊的设计被应用在许多市政厅、大学、图书馆和其他各种公共建筑物上。

万神庙由两部分组成：一为传统的长方形庙前门廊，门廊前矗立着粗大的花岗岩石柱，另一部分是一个巨大的圆顶大厅。长方形的门廊与圆顶大厅这一鲜明的对比由于巨大的视线障阻而越发尖锐。人们穿过由各种凝重的方形结构组成的世界，仿佛进入了天体般的浑然无限之中。光柱从建筑顶部的圆孔投射下来，让"天体"顿时生动起来。

图7-28 古罗马卡拉卡拉浴场复原图中的科林斯柱和拱顶

图7-29 万神庙

图7-30 万神庙内景

万神庙的结构简洁，形体单纯，其主体建筑是圆形的，顶上覆盖着一个直径为43.3米的大穹顶，这个穹顶至今仍是世界上最大的，同时穹顶矢高也是43.3米，因此支承穹顶的墙垣高度大致等于半径。这样简单明确的几何关系使万神庙单一的空间显得完整统一。穹顶正中有一个圆形的大洞，其直径为8.9米，这是庙内唯一的采光口，光线从上面倾泻下来，随着不同的时间变化显示出不同的光影，营造出一种天人相通的神圣气氛。

三、公共建筑空间

1. 竞技场

竞技场这种建筑形态起源于古希腊时期的剧场，当时的剧场都傍山而建，呈半圆形，观众席就在山坡上层层升起。但是到了古罗马时期，人们开始利用拱券结构将观众席架起来。罗马竞技场（图7-31）位于今天意大利罗马的市中心，是古罗马时期最大的椭圆形角斗场，建于公元72—82年，现在仅存遗迹。罗马竞技场长轴为187米，短轴为155米，中央为表演区，地面铺有地板，外面围着层层看台（图7-32）。看台约有60排，分为5个区，最下面前排是贵宾（如元老、长官、祭司等）区，第二区供贵族使用，第三区是给富人使用的，第四区由普通公民使用，最后一区则全部是站席，是给底层妇女使用的。在观众席上还有用悬索吊挂的用于遮阳的天棚，天棚向中间倾斜，便于通风。

图7-31 罗马竞技场

图7-32 罗马竞技场的内部

2. 凯旋门

君士坦丁凯旋门（图7-33）距离圆形竞技场很近，是古罗马城现存的三座凯旋门中年代最晚的一座。它是为庆祝君士坦丁大帝于公元312年彻底战胜他的强敌马克森提乌斯并统一帝国而建的。这是一座包含三个拱门的凯旋门，高21米，面阔25.7米，进深7.4米。它调整了高与阔的比例，横跨在道路中央，显得形体巨大。凯旋门布满了各种浮雕，连同其巨大的形体显得很气派，但缺乏整体观念，原因是凯旋门的各个部分并非被作为一个统一体而创作，其中大部分构件甚至是从过去的一些纪念性建筑上拆除下来的。

图7-33 君士坦丁凯旋门

3. 公共浴场

古罗马人的主要社交活动之一就是洗澡，而公共浴场是古罗马建筑的另一杰作。公共浴场最杰出的代表是卡拉卡拉浴场和戴克里先浴场。卡拉卡拉浴场（图7-34）是由卡拉卡拉皇帝于公元200年左右下令建造的，如今的罗马式浴场都以它为原型。卡拉卡拉浴场是世界上最大的浴场之一，浴场长375米，宽363米，地段的前沿和两侧的前半部都是店面。两侧的后半部向外凸出，形成一个半圆形，里面有厅堂，大约是演讲厅，

图7-34 卡拉卡拉浴场内景

旁边有休息厅，可容纳 1 600 人。在巨大的圆屋顶下设有游泳池、桑拿池和冷水池，周围布满珍奇的植物、精致的雕刻和巧夺天工的镶嵌图案。

四、世俗性建筑空间

1. 巴西利卡

古罗马的巴西利卡（Basilica）是一种主要的世俗性建筑类型，它对后来的建筑具有决定性的影响。

古罗马的巴西利卡是一种用作法庭、交易会所与会场等的具有多种功能的大厅性建筑，其平面一般为长方形，两端或一端有半圆形龛。大厅常被两排或四排柱子纵分为三或五部分。当中部分宽且高，称为中厅，两侧部分狭而低，称为侧廊，侧廊上面有夹层。图拉真巴西利卡（图 7-35 和图 7-36）与君士坦丁巴西利卡是古罗马巴西利卡的两个典型例子。巴西利卡的形制对中世纪的基督教堂与伊斯兰礼拜寺均有影响。

图 7-35 图拉真广场

图 7-36 图拉真广场的记功柱

2. 住宅

维蒂住宅（图 7-37）是庞培古城中私人住宅的经典之作，集中体现了古罗马天井式住宅的美观和实用。廊柱围合的中央天井是整座住宅的中心，在它之前是院落轴线的开端小门厅，两边则为卧室及其他服务性居室。天井的内部空间十分宽敞，顶部的长方形开口带来了充足的采光，天井外的围廊朴素庄重，很好地衬托了花园中央的天井。居室与天井间隔有幽静精致的古典花园，颇具浪漫的古希腊风情，只是内围廊取代了希腊式的院墙，增加了建筑的空间层次，并使内、外空间之间的联系更加灵活生动。

图 7-37 庞培古城中维蒂住宅的庭院

五、室内装饰与家具

庞培古城（图 7-38）是亚平宁半岛西南角坎佩尼亚地区的一座历史悠久的古城，西北离罗马约 240 千米，位于意大利南部那不勒斯附近，维苏威火山西南脚下 10 千米处。其西距风光绮丽的那不勒斯湾约 20 千米，是一座背山面海的避暑胜地，始建于公元前 6 世纪，于公元 79 年毁于维苏威火山大爆发。但由于被火山灰掩埋，其街道房屋保存比较完整。从庞培古城住宅室内的遗迹可以看出古罗马人生活的格调和各种艺术品的装饰风格（图 7-39 和图 7-40）。其门窗非常考究，地面一般为水泥地、石板地、拼花地板，最珍贵难得的是室内中央竟有暖气设备。庞培古城住宅的室内墙面经常以绘画作为墙面装饰。

图 7-38　庞培古城

庞培古城是如何消失的

图 7-39　庞培古城中维蒂住宅的壁画　　图 7-40　庞培古城中维蒂住宅的壁画中的家具

六、建筑设计理论著作

古罗马出现了现存最早的关于建筑空间的理论著作《论建筑》，即后来的《建筑十书》。它是由古罗马建筑师和工程师维特鲁威所著，全书分为十卷，内容涉及城市规划、建筑设计基本原理、建筑构图原理、西方古典建筑形制、建筑环境控制、建筑材料、市政设施、建筑师的培养等。书中记载了大量建筑实践经验，阐述了建筑科学的基本理论。它奠定了欧洲建筑科学的基本体系，系统地总结了希腊和早期罗马建筑的实践经验。该书在文艺复兴时期颇有影响，对 18 和 19 世纪的古典复兴主义亦有所启发，至今仍是一部具有参考价值的建筑科学全书。

本章小结

本章依次介绍了古埃及、古希腊和古罗马的室内艺术设计成就，有助于学生了解国外室内艺术设计发展的源头，更好地进行后续相关知识的学习。

思考与实训

挑选若干古埃及、古希腊和古罗马时期的标志性建筑，收集资料，并对其特色和成就进行分析。

CHAPTER EIGHT

第八章 中世纪时期

知识目标

了解早期基督教、拜占庭风格的艺术特色和代表性建筑，了解欧洲国家的罗马风格艺术设计取得的成就，熟悉哥特风格艺术设计的特点和使用的新技术等。

技能目标

能够评述和概括中世纪时期室内艺术设计的不同风格和特色。

欧洲的中世纪是指自公元4世纪中叶至15世纪产生资本主义萌芽之前的封建社会时期。在这一时期，宗教势力占统治地位，施行政教合一的政治体制。这一时期的欧洲没有出现一个强有力的统治政权。此时期，封建割据带来了频繁的战争，造成科技和生产力发展停滞，人民生活在水深火热之中。因此，中世纪或者中世纪的早期在欧美普遍被称作"黑暗时代"。传统上认为，这是欧洲文明发展比较缓慢的时期。中世纪最大的特点就是基督教对社会生活方式和意识形态产生了决定性的影响，各种艺术形式都具有强烈的宗教色彩。

第一节 早期基督教、拜占庭风格

一、早期基督教风格

由于古罗马帝国不断衰败，东部边界又不断受到外族人的骚扰，公元330年，君士坦丁大帝为了确保护帝国的安全，把首都从罗马东移到古希腊的拜占庭，并改其名为君士坦丁堡，也就是如今土耳其的伊斯坦布尔。自从迁都之后，西方的古罗马帝国频频遭到北方野蛮部落的侵略，民不聊生。到了公元476年，西方的罗马帝国彻底灭亡，而东方的罗马帝国在查士丁尼一世的统治下发展成为一个强大的、以基督教为精神力量的拜占庭帝国。这一时期的教堂建筑可大致分为西罗马的巴西利卡式和东罗马的集中式两种。

由于基督教的教堂必须容纳众多信徒，其礼拜仪式是由一位牧师站在祭坛上传道，这种形式需要一个封闭式的庞大空间,所以西罗马的建筑师便从古罗马教堂中找寻捷径。这种教堂包括宽大的长方形走廊,两侧有较矮的小隔间,半圆盖的圣堂则设在建筑物的东端,为会议主席就座之处。教堂两旁的廊柱上面都有华丽的装饰以表现教堂的神圣气质。从祭坛的局部来看,圆拱顶的壁画与地下墓室的壁画风格雷同。内部光滑的大理石柱和闪烁的马赛克镶嵌壁画构成了光彩闪耀的世界,使人忘掉尘世的纷扰,进入虔诚的精神境界。这一时期的教堂装饰是将早期基督教艺术中具有象征性或寓意性的视觉表现与建筑空间结合,使图像以系统化的方式组合在一起。由于历史不断地向前推动,基督教艺术也逐渐脱离了古罗马末期的古典风格,将各式各样的装饰加上华丽的金饰以表现不同的内容主题,形成了具有强烈东方色彩的拜占庭艺术。

二、拜占庭风格

拜占庭时代从公元 330 年君士坦丁大帝将古罗马帝国首都从罗马东迁到君士坦丁堡开始,一直到 1453 年奥斯曼帝国使拜占庭帝国灭亡为止。

1. 圣索菲亚大教堂

拜占庭时代最辉煌的建筑代表就是君士坦丁堡的圣索菲亚大教堂。圣索菲亚大教堂(图 8-1)是一座结合了西罗马帝国的巴西利卡式教堂和东罗马帝国的集中式圆顶构造而形成的圆顶式长方形建筑。圆顶除了象征天国之外,尚有护盖圣洁处所的含意。从圆顶位于整个建筑之最中心及最重要的位置来看,它很明显受到了古罗马万神殿的影响,但其与万神殿最大的不同之处是它的主圆顶前、后均有一个半圆形小圆顶。圣索菲亚大教堂前、后配置了四座尖塔且十分强调垂直线的效果,这样的建筑形式对欧洲中古期教堂建筑发展的影响十分深远。

印象世界:
圣索菲亚大教堂

圣索菲亚大教堂的空间装饰(图 8-2)有着灿烂夺目的色彩效果,柱子多数是深绿色的,柱头由镶着金箔的白色大理石构成,墩子和墙全部采用白色、绿色、黑色和红色等大理石贴面。圣索菲亚大教堂内部的装饰除了包括各种华丽精致的雕刻之外,也包括运用有色大理石镶成的马赛克拼图,其中穹顶和拱顶镶嵌着金色和蓝色底子的马赛克,地面则由彩色马赛克铺装而成。

图 8-1 圣索菲亚大教堂

图 8-2 圣索菲亚大教堂圆顶下大厅

2. 圣马可大教堂

圣马可大教堂(图 8-3)是与君士坦丁堡的圣索菲亚大教堂齐名的拜占庭风格的建筑。巨大的圆顶和灿烂的镶嵌画是它最突出的特点。

这座教堂矗立于意大利威尼斯市中心的圣马可广场之上,始建于公元 828 年。公元 976 年,该教堂在反对总督康提埃诺四世的暴动中被焚毁,现存的教堂是于 1071—1073 年重建的。该教堂由五个巨大的圆顶主厅和两个回廊式的前厅组成,形成了一个巨型的希腊十字架。该教堂正面有五座菱形的罗马式大门,顶部立有东方式与哥特式尖塔,中间大门的尖塔顶部有一尊手持《马可福音》的圣马可塑像。教堂内饰（图 8-4）有许多以金黄色为主调的嵌镶画，雄伟壮观，富丽堂皇。圣马可大教堂有"世界上最美的教堂"之称。

图 8-3　圣马可大教堂

图 8-4　圣马可大教堂内部景观

第二节　罗马风格

公元 9 世纪左右，西欧大陆在一度统一后又分裂成为法兰西、德意志、意大利和英格兰等十几个民族国家，并正式进入封建社会。这时的建筑除基督教堂外，还有封建城堡与教会修道院等。其建筑材料大多来自古罗马废墟，在建筑艺术上则继承了古罗马的半圆形拱券结构，在形式上也略有古罗马的风格，故被称为罗马风建筑。罗马风建筑使用了许多新的建筑形式与建筑手法，如彩绘玻璃、建筑雕刻和镶嵌技术等。它所创造的扶壁、肋骨拱与束柱在结构与形式上都对后来的建筑产生了很大影响。

一、教堂建筑空间

1. 德国的罗马风建筑空间

（1）亚琛大教堂。德国亚琛大教堂是查理曼大帝的宫廷教堂，整体结构呈长方形，屋顶为拱形，修建于 790—800 年的查理曼大帝时代。这座教堂的灵感源于古罗马帝国时代的东方式教堂。亚琛大教堂是一座集中式八边形平面布局的建筑，屋顶采用八边形穹顶，穹顶建在开有窗的鼓座上，直径超过 15 米，以用大理石和马赛克拼贴出的宗教题材画进行装饰，而拱券部分则用不同颜色的石块和砖混合砌筑成深浅相同的棋盘状，穹顶下吊着直径为 4.2 米的枝形吊灯。底层周边围有回廊，回廊上是楼座部分。亚琛大教堂（图 8-5 和图 8-6）内部以古典式圆柱为装饰，教堂大门和栅栏则为青铜式建筑。

图 8-5　亚琛大教堂

图 8-6　亚琛大教堂内景

（2）施派尔大教堂。施派尔大教堂（图8-7）位于德国莱茵河畔的城市施派尔，是天主教施派尔教区的主教座堂，用红色砂岩建造而成，是施派尔市的著名标志建筑。该教堂始建于1027年，是德国最重要的、规模最大的罗马风建筑。施派尔大教堂建筑空间长130米，中廊宽13.5米、长70米，屋顶高27米。屋顶在后期改建后出现了"十"字形拱顶，使受力点由两根柱子变为四根柱子，表现了罗马风建筑向哥特式建筑发展的趋势。施派尔大教堂是目前世界上存留最大的罗马式教堂建筑，中厅的侧立面呈三层构造，在支撑交叉拱的大束形柱之间的小束形柱一直向上延伸到交叉拱的起拱线，中间没有间断，这使空间的垂直感尤为强烈（图8-8）。

图8-7　施派尔大教堂　　图8-8　施派尔大教堂内景

2. 意大利的罗马风建筑空间

意大利的比萨教堂建于11—13世纪，著名的比萨斜塔就是这座教堂的钟楼（图8-9～图8-11）。它附属的塔楼呈圆形，教堂与塔楼均为大理石结构，前面的圆形比萨洗礼堂在后来风行哥特式建筑的时期曾受到大规模的改建与装修。比萨教堂建筑群堪称意大利罗马风建筑中最著名、最美的。该教堂采用的是拉丁"十"字形平面，全长约95米，中厅两侧各有两条侧廊，横厅分为三个厅堂，中厅与横厅的交叉部位上方覆盖着穹形的采光塔，在桁架的下方铺设了色彩绚烂的藻井，为整个空间增添了华丽的感觉。

图8-9　比萨教堂与斜塔　　图8-10　比萨教堂的"十"字形顶部

图8-11　比萨教堂的柱子与拱顶

3. 法国的罗马风建筑空间

法国的前身即查理曼帝国分裂之后产生的法兰克王国。由于受到当地高卢人和罗马人的同化，法兰克王国的日耳曼人与其他日耳曼人逐渐分化。至12世纪前，法兰克王国基本处于封建割据的孤立状态。

圣塞尔南教堂（图 8-12 和图 8-13）是欧洲最大的长方形教堂。从平面上看，圣塞尔南教堂是一个被强调的拉丁十字架形状，重心在东部一端，横厅环以廊道，这表明教堂主要用于容纳大量的信仰宗教的普通人，而不再是单一地让修道士们进行修行，这也从另一个侧面反映了宗教的繁荣发展。教堂内部由立柱隔成许多方形的小单元，中厅只有两层，覆以筒形拱顶，拱顶上每个开间对应一条横向拱肋，可以使拱顶分段砌筑，拱顶下方由方形壁柱承接，空间上形成指向祭坛的连续节奏感。从边廊尽头的塔楼和中厅众多的穹顶中可以看出罗马风特征在建筑上的进一步展现。

图 8-12　圣塞尔南教堂　　　　　　图 8-13　圣塞尔南教堂内景

4. 英格兰的罗马风建筑空间

古罗马人的统治结束以后，英格兰又被入侵的日耳曼部落盎格鲁–撒克逊人征服，并很快接受了基督教的信仰。1066 年，威廉公爵宣称继承王位，并率领诺曼人击败了盎格鲁–撒克逊人，夺回了英国的统治权。英国最著名的诺曼底罗马风教堂是于 1093 年建造的达勒姆大教堂（图 8-14），它被认为是真正的罗马式风格形成的标志。

达勒姆大教堂的平面形式较为朴实，歌坛部分属于三歌坛类型，纵向拉得很长，中厅是圣塞尔南教堂的 3 倍，这意味着它的拱顶必须具有更强的负重能力。由于拱肋的使用，该教堂的吊顶非常薄，这不仅减轻了吊顶的承重，而且可以增加它的稳固性，并可以在顶的一边增加一个气窗。值得一提的是，达勒姆大教堂是应用拱肋结构的最早典例。

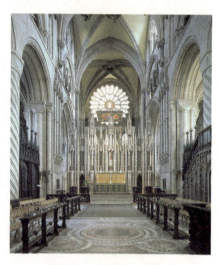

图 8-14　达勒姆大教堂

二、城堡和修道院

1. 城堡

早期的城堡只是把简陋的住宅建在升起的护堤上、自然的山坡上或其他一些易于防守的地方，并且在住宅周围建有围墙。其意义仅在于防御和进行简单的、临时性的生活，因此室内空间极为朴实，墙面一般用石头建造，偶尔会有粉刷，地面采用石头或者木地板，屋顶采用木制吊顶，结构暴露在外面。由于当时没有玻璃，出于安全性的考虑，窗户十分细长。在大厅的一端，地面有地台，由此形成的独立空间用于布置台面，供家里人和尊贵的客人就座。作为遮挡裸露的墙面和减少墙体寒气的一种方式，墙面悬挂装饰物中出现了挂毯，并逐渐发展成一种艺术形式。埃塞克斯郡海丁汉姆城堡（图 8-15）就是其中的一座。这座城堡的大厅有两层楼高，门窗和视野开阔的大阳台顶部都采用了诺曼底式拱券。

2. 修道院

中世纪发展出了另一种机构,以便为那些倾心于宗教、研究与艺术的人提供不同的保护方式,这就是修道院。当时,一些宗教团体的成员甘愿放弃世俗生活而选择进入修道院。修道院(图 8-16)的建筑和室内装饰都十分朴素和简陋,带有一种压抑的宗教色彩。修道院的布局多了由连续的十字拱或者六分拱组成的四方形回廊。1130 年在法国南部出现的一些修道院可被视为当时修道院形式的典型代表。它们都是带有侧廊的拱顶教堂,教堂室内空间极其简朴,突出的耳堂使教堂平面呈现"十"字形布局,具有明显的象征意义。中厅上覆盖着筒拱,旁边的侧廊上则是半筒拱,可以抵御筒拱向外的侧推力,同时作为连续支撑将屋顶全部的侧推力传递给厚重的石砌边墙。

图 8-15 埃塞克斯郡海丁汉姆城堡(英国)

图 8-16 勒·托伦内特修道院寝室(法国)

三、住宅

中世纪农民的住宅一般极为简陋,通常的形式是一间方盒子形的屋子,覆盖一个两坡顶。室内几乎没有家具,石砌的壁炉用于取暖和做饭。城镇里的住宅(图 8-17)一般有好几层,采用木楼板、木楼梯或者石楼梯进行上、下空间的连接。就室内而言,城镇的房子和乡下的农舍大同小异,只是多了一些斜向支撑的沉重木构架。在中世纪早期,用木装修或者室内的粉刷装饰所呈现的豪华装饰效果还不为人们所知。

四、室内家具与陈设

中世纪的统治阶级和贵族的家具种类比较多,已经出现了床、桌、椅、箱、柜等多种形式,大多数以木材为主,有时也由石材或者金属制成(图 8-18)。但其形式与风格都蕴含着罗马风的深刻影响。当时的家具普遍不重视表面装饰,重在体现整体构造的完美性。皇室的家具物件则显得十分华丽,无论是椅脚或靠背都参考了罗马风建筑中连环拱的造型。一些教堂里用于存放珍贵圣物的柜子表面会进行雕花并镶有珠宝。普通民众的常用物品储藏家具主要是箱和柜,其便于储藏,也可以兼作椅子、桌子和床。

图 8-17 法国中世纪早期的城镇住宅

图 8-18 中世纪农舍(芬兰)

第三节　哥特风格

哥特式建筑是于11世纪下半叶起源于法国，于13—15世纪流行于欧洲的一种建筑风格。其主要见于天主教堂，对世俗建筑也有影响。哥特式建筑以其高超的技术和艺术成就在建筑史上占有重要地位。"哥特"原是参加覆灭罗马奴隶制的日耳曼"蛮族"之一。15世纪，文艺复兴运动的参与者反对封建神权，提倡复活古罗马文化，于是把当时的建筑风格称为"哥特"，以表示对它的否定。

哥特式教堂的结构体系由石头的骨架券和飞扶壁组成。其基本单元是在一个正方形或矩形平面四角的柱子上做双圆心骨架尖券，四边和对角线上各一道，屋面石板架在券上，形成拱顶。采用这种方式，可以在不同跨度上做出矢高相同的券，拱顶质量轻，交线分明，减少了券脚的推力，简化了施工。哥特式建筑技术高超精致又带有艺术性，在建筑史上占有十分重要的地位。

一、哥特式建筑风格特点

哥特式建筑的特征是高耸的尖塔、尖形拱门、大窗户及绘有圣经故事的花窗玻璃。其多在设计中利用尖肋拱顶、飞扶壁、修长的束柱，营造出轻盈修长的飞天感。形体向上的动势十分强烈，轻巧的垂直线直贯全身。不论墙和塔都是越往上划分越细，装饰越多，也越玲珑，而且顶上都有锋利的、直刺苍穹的小尖顶。不仅所有的顶是尖的，而且建筑局部和细节的上端也都是尖的，整个教堂处处充满向上的冲力。这种以高、直、尖和具有强烈的向上动势为特征的造型风格是教会弃绝尘寰的宗教思想的体现，也是城市强大向上的蓬勃生机的精神反映。

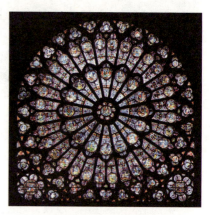

图8-19　斯特拉斯堡大教堂的玫瑰窗（法国）

哥特式建筑逐渐取消了台廊、楼廊，增加了侧廊窗户的面积，直至整个教堂采用大面积排窗。这些花窗玻璃窗户既高且大，几乎承担了墙体的功能。工匠们用各种彩色玻璃拼组成一幅幅五颜六色的宗教故事，起到向不识字的民众宣传教义的作用，并具有很高的艺术价值（图8-19和图8-20）。花窗玻璃以红、蓝二色为主，蓝色象征天国，红色象征基督的鲜血。窗棂的构造工艺十分精巧繁复。细长的窗户被称为"柳叶窗"，圆形的则被称为"玫瑰窗"。花窗玻璃造就了教堂内部神秘灿烂的景象，从而改变了罗马式建筑因采光不足而沉闷压抑的氛围，并表达了人们向往天国的理想。

图8-20　沙特尔大教堂的彩色玻璃（法国）

二、哥特式建筑的新技术

在哥特时期，作为建造耐久建筑的最先进的技术手段，拱券及相关的拱顶技术被保留下来。12世纪下半叶，哥特式建筑富有创造性的结构体系使所有形式的问题都迎刃而解，骨架券、尖券、飞扶壁形成了连续的结构，使哥特式教堂的整体性增强。因此，哥特式教堂的室内空间比罗马风时期更为精练，效果更为生动。

1. 骨架券和尖券

哥特式教堂使用骨架券作为拱顶的基本承重结构，十字拱便成了框架结构体系。这种结构的基本做法是，在方形对角线的基础上建造半圆拱券，而四边的拱券为了让最高点能与对角线拱券的最高点平齐而且便于制作，突破性地运用了尖券的形式，从而使高屋脊以一道连续直线的形式纵贯建筑中厅而不被打断，尤其是使教堂空间得到了有效的视觉统一。尖券迅速取代了半圆形拱券，这种形式不仅适用于顶部，在教堂的门、窗甚至未涉及结构问题的装饰细部也都得到广泛的应用。

2. 飞扶壁

飞扶壁（图8-21）是哥特式建筑所特有的。在哥特式建筑中，人们把原本被屋顶遮盖起来的实心扶壁都露在外面，称为飞扶壁。这是一种在中厅两侧凌空越过侧廊上方的独立飞券。其一端落在中厅每间十字拱四角的起脚处，以抵消顶部的水平分力；另一端落在侧廊外侧一片片横向的墙垛上。这种侧廊的拱顶因不必再负担中厅拱顶的侧推力，高度大大降低。

图8-21 沙特尔大教堂的飞扶壁

三、哥特式建筑

在12—15世纪的欧洲，城市手工业和商业行会非常发达，城市内实行一定程度的民主政体，市民以极高的热情建造教堂，以此相互争胜来宣扬自己的城市。另外，当时的教堂已不再是纯宗教性建筑物，而是成为城市公共生活的中心，可用作市民大会堂、公共礼堂，甚至可用作市场和剧场。每逢宗教节日，教堂往往成为热闹的赛会场地。因此，哥特式建筑已不再是纯粹的宗教建筑物，而成为城市的文化标志。哥特式建筑的内部空间高旷、单纯、统一。装饰细部如华盖、壁龛等也都用尖券作主题，建筑风格与结构手法形成了一个有机的整体。整个建筑看上去线条简洁、外观宏伟，而内部又十分开阔明亮。

图8-22 巴黎圣母院

1. 法国

11世纪下半叶，哥特式建筑首先在法国兴起。当时，法国的一些教堂已经出现肋架拱顶和飞扶壁的雏形。

（1）巴黎圣母院。法国早期哥特式教堂的代表作是巴黎圣母院（图8-22）。巴黎圣母院是一座位于法国巴黎市中心的西堤岛上的教堂建筑，也是天主教巴黎总教区的主教座堂。巴黎圣母院始建于1163年，由教皇亚历山大三世奠基，于1345年全部完成。值得一提的是，巴黎圣母院大教堂的钟塔不是尖顶的，而是平顶的，从外面就能看到巨大的玻璃窗和尖拱。由于整个建筑的重力靠最下面一层的墙承担，所以底层的墙非常厚。为了让人在进入教堂时不因墙的厚度而感到不舒服，建造者把大门设计成层层推进的。巴黎圣母院的正外立面门洞上方是"国王廊"（图8-23），上有以色列和犹太国历代国王的28尊雕塑。1793年，大革命中的巴黎人民将其误认作他们痛恨的法国国王的形象而将它们捣毁。后来，雕像又被复原并放回原位。

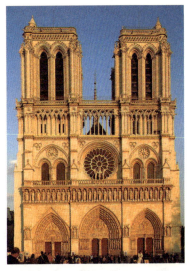

图8-23 正外立面门洞上方的巴黎圣母院"国王廊"

（2）沙特尔大教堂。沙特尔大教堂（图 8-24）位于法国沙特尔城，是法国著名的天主教堂，也是哥特式建筑的代表作之一。沙特尔大教堂部分始建于 1145 年，于 12—13 世纪遭大火烧毁。尽管沙特尔大教堂遭受了突如其来的灾难，但它仍不失为当时最大的哥特式建筑之一。16 世纪，北面的教堂遭雷击后被杰汗德·博斯修复。1836 年，第三次大火毁掉了教堂木制的屋顶。之后金属屋顶代替了被烧毁的木制屋顶。大教堂深 130.2 米，长方形的跨间宽 16.4 米，四分拱顶高达 36.5 米，带有侧廊式耳廊，每个耳堂均被用作出入口。教堂的三座圣殿分别与三座大门相通。祭台与圣殿之间的祭廊上面有描绘耶稣和圣母玛利亚生平的浮雕。

（3）亚眠大教堂。亚眠大教堂（图 8-25）是法国哥特式建筑盛期的代表作，长 137 米，宽 46 米，横翼凸出甚少，东端环殿呈放射形布置有七个小礼拜室。教堂内部遍布彩色玻璃大窗，几乎看不到墙面。教堂外部雕饰精美，富丽堂皇。这座教堂是哥特式建筑成熟的标志。

图 8-24　沙特尔大教堂

图 8-25　亚眠大教堂

2. 其他地区的哥特式建筑空间

（1）意大利。意大利最著名的哥特式教堂是米兰大教堂（图 8-26），它是欧洲中世纪最大的教堂之一，是规模仅次于梵蒂冈圣彼得大教堂的世界第二大教堂。米兰大教堂于 14 世纪 80 年代动工，直至 19 世纪初才完成。教堂内部由四排巨柱隔开，宽达 49 米。中厅高约 45 米，而在横翼与中厅交叉处，更拔高至 65 米多，上面是一个八角形采光亭。中厅高出侧厅很少，侧高窗很小。教堂内部比较幽暗，外部全由光彩夺目的白大理石筑成。高高的花窗、直立的扶壁以及 135 座尖塔都表现出向上的动势，塔顶上的雕像仿佛将要飞升。西边正面是意大利"人"字山墙，装饰着很多哥特式尖券、尖塔。但它的门窗已经带有文艺复兴晚期的风格。

图 8-26　米兰大教堂

（2）英国。英国的哥特式建筑出现得比法国稍晚，流行于12—16世纪。英国教堂不像法国教堂那样矗立于拥挤的城市中心，力求高大、控制城市，而往往位于开阔的乡村环境，作为复杂的修道院建筑群的一部分，比较低矮，与修道院一起沿水平方向伸展。以索尔兹伯里大教堂（图8-27和图8-28）为例，其有以下主要特征：虽然不是修道院，但在教堂的南侧有类似修道院的回廊和议事堂；教堂的圣堂部位采用矩形平面；教堂中廊的拱廊以强调楼层为手法的水平划分为重点，使中廊内的空间更具水平延伸性；建筑的"飞券+扶壁"结构系统不发达，采用通过侧廊拱顶吸收侧推力的方法；构件纤细的纵长尖顶窗是立面上的主要构图元素，几乎没有圆形玫瑰窗；多枝肋拱从柱垛上生出的手法已经开始出现，预示着日后扇拱的发达。

图8-27　索尔兹伯里大教堂

图8-28　索尔兹伯里大教堂内景

（3）德国。德国教堂很早就形成了自己的形制和特点，它的中厅和侧厅高度相同，既无高侧窗，也无飞扶壁，完全靠侧厅外墙瘦高的窗户采光。拱顶上面再加一层整体的陡坡屋面，内部是一个多柱大厅。15世纪以后，德国的石作技巧达到了高峰。石雕窗棂刀法纯熟，精致华美。有时两层图案不同的石刻窗花重叠在一起，玲珑剔透。建筑内部的装饰小品也不乏精美的杰作。

德国最早的哥特式教堂之一——科隆大教堂（图8-29和图8-30）于1248年动工，由建造过亚眠大教堂的法国人设计，有法国盛期的哥特式教堂的风格，歌坛和圣殿与亚眠大教堂相似。科隆大教堂占地8 000平方米，建筑面积约为6 000平方米，东西长144.55米，南北宽86.25米。主体部分就有135米高，大门两边的两座尖塔高达157.38米，像两把锋利的宝剑，直插云霄。科隆大教堂至今仍是世界上最高的教堂。教堂内部装饰也很讲究。玻璃窗上都用彩色玻璃镶嵌有图画，图画的内容是圣经故事。这些玻璃镶嵌总计1万平方米，是教堂的一道独特的风景。

哥特式建筑的巅峰之作——科隆大教堂

图8-29　科隆大教堂双塔

图8-30　科隆大教堂中殿

四、世俗性哥特式建筑空间

在哥特时期，除了大教堂之外，还有许多其他类型的建筑，市政厅、各种手工艺和贸易的行会大厅、税务厅以及其他官方建筑均被建成哥特样式（图8-31）。中世纪晚期，随着定居条件的日益完善和社会发展的复杂性，人们越来越需要具有各种功能的建筑。在这种情况下，作为修道院社区一部分的医院建筑也得到了发展。

图8-31　伦敦威斯敏斯特大厅

五、中世纪的住宅与家具陈设

中世纪晚期，由于拥有更稳固的定居条件，有钱人和有权势的人开始放弃城堡生活而倾心于住在大住宅中。在宅第中，大厅仍作为主要的多功能房间。大厅一端常有一种门厅区，称为屏风过道，这种空间的分隔是通过一道屏风实现的。门厅区上部支撑着室内小挑台，乐师或其他表演者可在这里进行表演，并且其与厨房和服务室相连。在大厅另一端，有一个高起的平台将家人和尊贵的客人使用的位子隔离开来，而其他人坐在临时布置的桌旁长凳上。大厅的壁炉靠墙布置，是整个房间的热源。宅第中还有一些具有特殊用途的小房间，如小起居室、卧室、小祈祷室等。

德比郡的哈登大厦（图8-32）是英国宅第类型中一个规模庞大又十分美观的例子，这座大厦的宴会大厅是领主及其随从的聚会空间，有石砌墙，带横拉杆的木制两坡顶及尖券窗。在墙体较低矮处的木镶板延伸着，拉到房间的另一端形成"隔屏"，以划出服务区域。隔屏支撑着一个传统上用作娱乐空间的小挑台，窗台壁龛中的坐凳及柜子都是典型的中世纪家具。

图8-32　英格兰德比郡哈登大厦的宴会厅

中世纪晚期，积累起一定财富的商人拥有自己的住宅，这些住宅可能相当舒适、宽敞甚至精美。位于法国的布尔日雅克·科尔的住宅（图8-33）基本上就是城市中的一座城堡。该住宅由一群多层建筑组成，围成一个院子，带有楼梯塔、连拱廊、两坡顶以及美丽别致的老虎窗。室内满是雕刻精美的门道和壁炉框以及色彩绚烂的绘画木吊顶。对于主要房间，挂毯不仅可起到保暖的作用，而且可赋予室内色彩，使其尽显豪华本色。

图8-33　布尔日雅克·科尔的住宅（法国）

本章小结

本章简要介绍了欧洲中世纪时期的室内艺术设计发展情况，有助于学生了解富有宗教色彩的室内艺术设计的主要成就和特色。

思考与实训

以哥特风格室内艺术设计为主题，收集资料并进行讨论、分享。

CHAPTER NINE

第九章 文艺复兴时期

知识目标

了解文艺复兴产生的背景和思想基础，熟悉意大利文艺复兴时期的代表人物及其成就，熟悉文艺复兴时期室内空间和家居陈设的特色。

技能目标

能够系统地概括文艺复兴时期的室内艺术设计发展情况。

文艺复兴是指14世纪在意大利各城市兴起并在15世纪的欧洲盛行的一场思想文化运动。当时，在意大利商业发达的城市，新兴的资产阶级中一些先进的知识分子借助研究古希腊、古罗马艺术文化，通过文艺创作宣传人文精神。文艺复兴带来了一场科学与艺术的革命，揭开了现代欧洲历史的序幕，被认为是中世纪和近代的分界点。

第一节 文艺复兴产生的背景和思想基础

西欧的中世纪是一个特别黑暗的时代。这一时期，基督教教会建立了一套严格的等级制度，把上帝视为绝对的权威，一切都要按照基督教《圣经》的教义行事，谁都不可违背，否则宗教法庭就要对其进行制裁，甚至处以死刑。中世纪后期，资本主义萌芽在多种条件的作用下于欧洲的意大利首先出现。资本主义萌芽的出现为这场思想运动的兴起提供了可能。城市经济的繁荣，使事业成功、财富巨大的商人、作坊主和银行家等更加相信个人的价值和力量，更加充满创新进取、冒险求胜的精神，多才多艺、高雅博学之士受到人们的普遍尊重。这为文艺复兴的发生提供了深厚的物质基础和适宜的社会环境。

文艺复兴的核心思想是人文主义。人文主义起源于14世纪下半叶的意大利，其后遍及西欧整个地区。人文主义者以"人性"反对"神性"，用"人权"反对"神权"。他们以人为中心，歌颂人的智慧和力量，赞美人性的完美与崇高，反对宗教的专横统治和封建等级制度，主张个性解放和平等自由，追求现世幸福和人间欢乐，提倡科学文化知识。因此，人文主义的理念重点是"人"，是"人"本能的发挥，是"人"追求真、善、美的动力。这一时期有许多建筑活动。大型世俗建筑物取代了教堂建筑的地位。城市建筑也逐渐分化。资产阶级的房屋开始变得考究。宫廷建筑开始大力发展，封建地主的堡垒逐渐衰败。古典柱式又开始成为统治阶级建筑装饰造型的主要语言。建筑师不再是工匠，而成为专门的职业者。建筑不再强调结构的合理性，而将美观视为首要考虑的问题。

第二节 文艺复兴风格的元素

文艺复兴时期建筑最明显的特征是扬弃了中世纪时期的哥特风格，而在宗教和世俗建筑上重新采用古希腊、古罗马时期的柱式构图要素。文艺复兴时期的建筑讲究秩序和比例，拥有严谨的立面和平面构图以及从古典建筑中继承下来的柱式系统。文艺复兴时期的建筑师一方面采用古典柱式，一方面又灵活变通，大胆创新，甚至将各个地区的建筑风格同古典柱式融合起来。他们还将文艺复兴时期的许多科学技术上的成果，如力学上的成就、绘画中的透视规律、新的施工机具等运用到建筑创作实践中去。

文艺复兴时期的室内设计风格受到古典先例新要求的强烈影响。在文艺复兴时期的室内设计中，对称是一种主要概念，同时，线脚和带状细部采用了古罗马范例。一般而言，墙面平整简洁，色彩常呈中性或画有图案，像墙纸一样。在装饰讲究的室内，墙面覆盖着壁画，吊顶由梁支撑，或者在室内有丰富装饰的方格吊顶。吊顶梁或隔板常涂有绚丽的色彩。地砖、陶面砖或大理石地面可以布置成方格状图案或比较复杂的几何图案。文艺复兴时期家具的使用比中世纪更广泛，但以现代标准来看仍然十分有限。文艺复兴时期的室内设计，无论民居还是宗教建筑，随财富的积累和古典知识的广泛传播，日益从相对简单的形式发展为复杂烦琐的风格。

第三节 意大利文艺复兴

意大利文艺复兴时期建筑的发展过程分为以佛罗伦萨建筑为代表的文艺复兴早期（15世纪），以罗马建筑为代表的文艺复兴盛期（15世纪末至16世纪中叶）和文艺复兴晚期（16世纪中叶和末叶）。

一、意大利文艺复兴的基本过程

（1）早期。一般认为，15世纪佛罗伦萨大教堂（图9-1～图9-3）的建成标志着文艺复兴建筑的开端。佛罗伦萨大教堂为意大利著名教堂，位于意大利佛罗伦萨。佛罗伦萨大教堂是13世纪末行会从贵族手中夺取政权后，作为共和政体的纪念碑而建造的。佛罗伦萨大教堂建筑的精致程度和技术水平超过了古罗马和拜占庭建筑，其穹顶被公认为意大利文艺复兴式建筑的第一个作品，体现了奋力进取的精神。在中央穹顶的外围，各多边形的祭坛上有一些半穹形，与上面的穹顶呼应。它的外墙以黑、绿、粉色条纹大理石砌成各式格板，上面有精美的雕刻、马赛克和石刻花窗，呈现出华丽的风格。

欧洲文艺复兴时期的艺术

图 9-1　佛罗伦萨大教堂　　　　　　　图 9-2　佛罗伦萨大教堂穹顶内部　　　　　　图 9-3　佛罗伦萨大教堂穹顶

（2）盛期。15 世纪末到 16 世纪中叶是意大利文艺复兴的全盛时期。佛罗伦萨开始失去它作为意大利经济、政治和文化中心的地位，取而代之的是教皇所统治的基督教中心——罗马。意大利文艺复兴盛期建筑的真正创始人是伯拉孟特，他创造了构造宏伟、比例协调和经过深思熟虑的样式。1499 年，伯拉孟特移居罗马，在罗马蒙托里奥的圣彼得修道院被授命重新建造曾有的回廊并在其基址上建造一座小礼堂，即坦比哀多。

坦比哀多礼拜堂（图 9-4）是为纪念圣彼得殉教所建，坐落在教堂的庭院中间，显得有些孤寂。它采用圆形平面的集中式布局，以古典围柱式神殿为蓝本，上盖半球形。平面由柱廊和圣坛两个同心圆组成；立面由两个精细程度不同的圆筒形构成。柱廊的宽度等于圣坛的高度，这种造型是早期基督教为殉教者所建的圣祠的基本形式。教堂下层的围柱廊采用多立克柱式，颇具英雄主义气质。伯拉孟特在这里没有简单地模仿古代建筑，而是在精神气质上建造出与古典建筑具有同等意义的现代纪念性建筑，因此坦比哀多礼拜堂可称为文艺复兴盛期的纲领性作品。

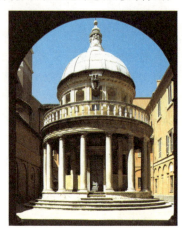

图 9-4　坦比哀多礼拜堂

意大利文艺复兴时期最伟大的纪念碑是罗马教廷的圣彼得大教堂（图 9-5～图 9-7）。它是世界上规模最大的、宏伟壮丽的大教堂，是意大利 16 世纪建筑的最高成就，被视为文艺复兴运动的伟大里程碑。圣彼得大教堂是罗马基督教的中心教堂，是欧洲天主教徒的朝圣地与梵蒂冈罗马教皇的教廷，位于梵蒂冈。它集中体现了 16 世纪意大利建筑结构和施工的最高成就，前后由 8 位建筑大师和艺术巨匠主持建造，历时 100 多年完成。

图 9-5　圣彼得大教堂　　　　　　　　图 9-6　圣彼得大教堂穹顶　　　　　　　图 9-7　圣彼得大教堂圣坛

教堂中央著名大拱形屋顶是米开朗琪罗的杰作，为双重构造，外暗内明。这个大圆顶曾有过百年的波折，最先是由伯拉孟特于1506年设计，1514年伯拉孟特去世后拉斐尔接替了他。6年后，拉斐尔也去世了。教堂顶部借鉴哥特式的设计，强调黑暗与光明的对比，采用了玫瑰花窗，出于对教堂入口处光线对比效应的考虑，圆顶被取消。后来，米开朗琪罗在71岁高龄时接替了这项工作，以"对上帝、对圣母、对圣彼得的爱"的名义恢复了圆顶。

（3）晚期。意大利文艺复兴晚期建筑的典型实例是维琴察的圆厅别墅。圆厅别墅是文艺复兴晚期建筑师帕拉第奥的重要作品之一，也是文艺复兴晚期庄园府邸的重要代表。其外形由明净单纯的几何形组成，依纵、横两轴线对称布局，比例和谐，构图严谨，形体统一完整，对后世产生了很深的影响。

二、意大利文艺复兴时期的代表人物及其成就

文艺复兴时期是一个盛产艺术巨人的时代，当时的艺术大家往往集科学家、画家、雕刻家、建筑家于一身。在这一时期，建筑本身与壁画、雕塑等艺术形式相得益彰、融为一体，这是艺术家与建筑创作的完美结合。这种现象的出现与当时的社会环境和艺术家个人的艺术修养密不可分。

（1）布鲁内莱斯基。布鲁内莱斯基（Brunelleschi，1377—1446年）是意大利文艺复兴早期颇负盛名的建筑师与工程师，他的主要建筑作品都位于意大利佛罗伦萨。1418年，在工程委员会公开举行的佛罗伦萨大教堂设计方案竞赛中，布鲁内莱斯基的方案获胜。佛罗伦萨大教堂的设计和建造过程、技术成就和艺术特色都体现着新时代的进取精神。布鲁内莱斯基为佛罗伦萨设计的两座拉丁十字式教堂，即圣洛伦佐教堂和圣灵教堂，均成为后来西方教堂的典范。布鲁内莱斯基还是文艺复兴时期最早对集中式建筑进行探索的人，其代表作是圣洛伦佐教堂的老收藏室和巴齐礼拜堂。

圣洛伦佐教堂的老收藏室（图9-8）是个正方形房间，上面覆盖着放在帆拱上的穹顶，房间中带有一处面积较小的连接性圣坛区，这也是一个正方形的空间，顶部也是放在帆拱上的穹顶。房间室内布置着古典科林斯柱式，采用的是壁柱和一个檐部的形式。位于佛罗伦萨的巴齐礼拜堂（图9-9）是15世纪早期很有代表性的文艺复兴建筑物。巴齐礼拜堂

图9-8　圣洛伦佐教堂老收藏室　　　图9-9　巴齐礼拜堂

坐落于十字教堂南面狭长的庭院中，是巴齐家族的礼拜堂，从平面来看，其构图对称，以中央穹顶下面的正方形开间为中心，在东、西轴线上，外面是入口门厅，里面是唱诗堂，两者的平面均为正方形，上面各覆盖着一个小圆顶；在南、北轴线中央的主空间向两边扩散，扩展部分之上覆盖着筒形拱顶。门厅内，中央为圆顶，左、右两边覆盖着筒形拱顶，其藻井装饰充满了古典气息。

（2）阿尔伯蒂。阿尔伯蒂（L. B. Leon Battista Alberti，1404—1472年）出身于商人家庭，学习过绘画、造型艺术以及音乐，是一个在建筑艺术、音乐作曲、美术绘画和某些自然科学领域均取得了杰出成就的全才。阿尔伯蒂的许多关于艺术和建筑的著作都是文艺复兴时期的里程碑。

阿尔伯蒂完成了一系列最重要的美学和数学著作，其中就包括《论建筑》一书。《论建筑》是西方近代第一部建筑理论著作。在《论建筑》中，阿尔伯蒂提出了文艺复兴时期建筑上最重要的论述：建筑物的美来自各部分比例的合理整合，稍微增加或减少都会破坏整体的和谐。在这本书中，阿尔伯蒂不仅重新整理了维特鲁威的三种柱式，而且从考古遗迹中发现了古罗马人没有注意到的另两种柱式——塔斯干式和混合式。

阿尔伯蒂主张古代建筑要为当代建筑服务，并将研究成果应用于自己的设计。曼图亚的圣安德烈亚教堂是阿尔伯蒂最具影响力的作品。他对圣安德烈亚教堂正立面（图9-10）进行了大胆而巧妙的探索，创造性地将古典神庙和凯旋门母体结合起来。这意味着建筑师已经不再是中世纪专门和砖石打交道的工匠师傅，其工作不再仅依赖代代沿袭的经验和惯例，还要依靠人文主义的知识装备。

图 9-10　圣安德烈亚教堂正立面

（3）伯拉孟特。伯拉孟特（Donato Bramante，1444—1514年）是文艺复兴盛期意大利最杰出的建筑师，他的一生主要在米兰和罗马工作，借用古罗马的建筑形式来传达文艺复兴的新精神。

伯拉孟特的作品之一是圣玛利亚教堂附近的圣塞提洛教堂（图9-11）。这是伯拉孟特在一座小型的公元9世纪教堂的基础上将其外观用早期文艺复兴的惯用手法重新改造了的教堂，它带有古典线脚和壁柱，采用这种形式升起了附加层，外部平面呈圆筒状，里面是希腊十字正方形，最上面八边形的采光亭的上面为圆形。由于外侧的街道把地基平面限制为T形，使用十字形的平面布局在这里受到限制，所以这座教堂没有圣坛。伯拉孟特对这一问题的处理采用了透视原理，视觉透视是文艺复兴艺术性的新发现。通过绘画的凹凸效果，教堂端墙被设计成绘画性的纵深空间，但从中厅看去，这种效果仿佛形成一个筒形拱顶的祭坛，看起来正好完善了十字形平面布局。

图 9-11　圣塞提洛教堂

（4）米开朗琪罗。米开朗琪罗（Michelangelo di Lodovico Buonarroti Simoni，1475—1564年）是意大利文艺复兴时期伟大的绘画家、雕塑家、建筑师和诗人。他凭借对三度空间的洞察力，回避了当时建筑界对比例的热衷，开启了新的尺度和空间概念，并对后来的巴洛克风格有着深远的影响。米开朗琪罗偏爱用深深的壁龛、凸出的线脚、雄伟的巨柱式强调体积感，同时他并不严格地遵守建筑的结构逻辑。他对古典母题创意性的运用缔造了文艺复兴时期的手法主义。在设计中，手法主义是指细部的使用在方式上突破了规则，这些方式有时是反常的，甚至在变换和变形文艺复兴宁静形式的过程中显得十分幽默。

佛罗伦萨的劳伦斯图书馆（图9-12）和美第奇礼拜堂（图9-13）是米开朗琪罗的建筑设计代表作。这两处都是室内建筑，却用了建筑外立面的处理方法，壁柱、龛、山花、线脚等起伏很大，突出垂直分划。劳伦斯图书馆前厅正中设有一个大理石的阶梯，形体富于变化，华丽且装饰性很强。米开朗琪罗将其作为一件艺术品加以精心设计与表现，使它的曲线自然流畅，具有一种有机的效果，从而给人一种楼梯通向隧道的感觉。作为需要安静的图书馆，这种感觉恰到好处。后来许多大学的图书馆都仿效这种设计。整个门厅表现出强烈的雕塑感，可谓巴洛克建筑风格的先声。图书馆的主空间室内设计简洁而敞亮，墙壁用扁平的壁柱进行划分，具有深远的空间透视感。

图 9-12　劳伦斯图书馆的门厅和楼梯间

图 9-13　美第奇礼拜堂

（5）小桑迦洛。安东尼奥·达·桑迦洛（小桑迦洛）（Antonio da Sangallo, 1483—1546年）的代表作是法尔尼斯府邸（图9-14）。从基本形制和立面处理来看，法尔尼斯府邸更接近佛罗伦萨的传统府邸式样。其平面近似正方形，内部方形庭院后面有一个两层的敞廊，可以借其眺望台伯河的风景。府邸立面没有采用柱式体系进行划分，而是强调了水平线。各层的檐口线脚明确、有力，三层的高度似乎并没有逐层递减。内院较低的两层是小桑迦洛的作品，遵循了古罗马斗兽场的设计理念，而上面的一层由米开朗琪罗设计，显示了对其依据的古典先例的一种更为自由的诠释，同时暗示手法主义的趋向。

（6）帕拉第奥。帕拉第奥（Andreo Pallaidio, 1518—1580年）是意大利文艺复兴后期的建筑师和建筑理论家、欧洲学院派古典主义建筑的创始人。他曾对古罗马建筑遗迹进行测绘和研究，进行长期深入的钻研，于1554年出版了古建筑绘图集。他的代表作《建筑四书》于1570年出版，书中包括5种柱式的

图 9-14　法尔尼斯府邸

研究和他自己的建筑设计。帕拉第奥比前人更准确地描绘了5种柱式，人们现在理解的柱式在很大程度上得益于他的阐释。这部极为重要的理论著作对18世纪的古典主义建筑形式影响很大，在日后数百年间一直是古典主义建筑学派的基本教科书。帕拉第奥的主要建筑作品大多在其位于威尼斯一带的故乡维琴察，其中最具代表性的为维琴察的圆厅别墅。

圆厅别墅（图9-15）位于维琴察城外，它并非一座真正的宅邸，而是一种休闲亭阁，位于小山上，俯瞰全城。这是一个结构为正方形而带有一个穹顶和中央圆厅的建筑，也是最著名的文艺复兴建筑之一。建筑每一边都有一个三角形山花，下面是6根爱奥尼神庙式柱组成的柱廊，前面有一部宽敞的楼梯。帕拉第奥的平面布局围绕着两个主要轴线对称展开，是一个程式化布局的尝试。

图9-15　圆厅别墅

对于已经成为经典的拱和柱式，帕拉第奥有自己的想法。当1549年他受命在一所哥特式大厅的外面加上一圈围廊时，他创造了新的拱与柱的结合方式，这是自罗马人创造"角斗场母题"和"凯旋门母题"之后首次有人这么做，后人称之为"帕拉第奥母题"（图9-16）。

在维琴察的奥林匹克剧院（图9-17）是帕拉第奥试图重新创造的一座小规模的、完全封闭的古罗马剧院。在这个剧院中舞台上有一装饰丰富的固定背景，该背景摹画着罗马舞台的通道、窗户和雕塑品。从3个宽敞的通道口中都能看到一种街景，街景采用虚假的透视画法进行描绘，这使它们看起来似乎延伸了很远的距离，而事实上它们的距离都很近。装饰设计是剧院展示表面的一种主要手段，在这里，帕拉第奥引入的概念是从剧院转到建筑和室内的设计中去。

图9-16　帕拉第奥母题在建筑中的应用

图9-17　奥林匹克剧院

三、意大利文艺复兴对欧洲其他国家的影响

随着文化碰撞以及各地艺术家和建筑师之间的相互交流，意大利文艺复兴的新思潮很快在欧洲的大地上生根发芽并扩张开来。但因受到不同区域地方性特征的影响，文艺复兴的成果也表现出一定的差异，大多与本国的建筑风格协调。

（1）对法国的影响。16世纪，在意大利文艺复兴建筑的影响下，法国形成了文艺复兴建筑。从那时起，法国的建筑风格逐渐由哥特式向文艺复兴式过渡，往往把文艺复兴建筑的细部装饰应用在哥特式建筑上。当时法国主要建造宫殿、府邸和市民房屋等世俗建筑。

文艺复兴建筑风格在法国的发展可分为三个阶段：16世纪为早期，这是法国哥特式建筑发展为文艺复兴风格的过渡时期。这一时期，法国人把传统的哥特式和文艺复兴的古典式结合，把文艺复兴建筑的细部装饰用于哥特式建筑。古典时期是路易十三、路易十四时期，此时期文化、艺术、建筑飞速发展，人们极力崇尚古典风格。这一时期的法国建筑造型严谨华丽，普遍应用古典柱式，内部装饰丰富多彩，也有些采用巴洛克手法。纪念性广场群和大规模的宫廷建筑是这一时期的典型。晚期是路易十五时期，路易十五使法国的政治、经济、文化走向衰落，此时兴起了舒适的城市住宅和精巧的乡村别墅。精致的沙龙和安逸的起居室取代了豪华大厅。室内装饰方面产生了洛可可风格，该风格的装饰细腻柔软，喜用蚌壳、卷叶，显得精巧富贵。

1530年，佛罗伦萨手法主义艺术家罗索接受了法国枫丹白露王宫（图9-18）的内部装饰工作，两年后意大利艺术家普里马蒂乔也到了那里。他们为之竭精尽智，费尽心血。罗索独出心裁地设计出一种将壁画和灰泥边饰结合在一起的新形式。作为壁画边框，围绕中心画面的灰幔和高浮雕人体不再单纯地起装饰作用，而是成为对画中含意的补充；而普里马蒂乔则将手法主义装饰风格引进法国。枫丹白露王宫中的弗朗索瓦一世廊（图9-19）是这一装饰画派辉煌的代表作。窗户对面的墙壁上有精美的绘画，画框周围装饰着灰泥高浮雕，人物体态壮硕优美，颇有米开朗琪罗遗风。缠绕在画框边上的如皮革般卷曲折叠的装饰母题也是他们的创造，这在后来的整个欧洲，包括意大利都十分流行。

16世纪末和17世纪上半叶，法国的古典主义建筑在布罗斯、勒梅西耶和芒萨尔等人的努力下有了进一步的发展。布罗斯喜欢在设计中表现如雕塑般的体积感与团块感。他的代表作品有其为摄政女王玛丽·德·美第奇设计的巴黎卢森堡宫（图9-20），以及位于雷恩的布列塔尼的议会宫。其中，巴黎卢森堡宫是法国早期古典主义建筑中最具代表性的宫廷建筑，它带有意大利建筑的很多痕迹。其平面为大型四合院，主楼顶部为巨大的穹顶，上设采光厅。侧翼的顶部则用楼代替了圆形穹顶，建筑群的造型由此变得丰富生动，外立面的砖石痕迹很重，形成了清晰深刻的水平线，增强了墙面的立体感。壁柱的造型非常突出，双柱式是典型的古典主义样式，柱子的比例因此严谨了许多。

图9-18　法国枫丹白露王宫

图9-19　弗朗索瓦一世廊

图9-20　巴黎卢森堡宫

（2）对尼德兰的影响。中世纪的尼德兰包括现在的荷兰、比利时、卢森堡以及法国东北部的一些地区。尼德兰文艺复兴建筑在 17 世纪达到高峰。在欧洲唯理主义哲学的影响下，荷兰形成了自己的古典主义建筑，这种建筑横向展开，以叠柱式控制立面结构，以水平划分为主，形体简洁，不再有传统的台阶形的山花，而代之以古典的三角形山花。其装饰很少，但它的传统特点仍然很明显，以红砖为墙，而壁柱、檐部、线脚、门窗框、墙脚等用白色石头，色彩很明快。

这一时期的主要建筑师是雅各布·凡·坎彭，他凭借十分纯熟的古典主义手法将佛兰德斯夸张的装饰和哥特式的残余要素一扫而光。其最重要的代表作是始建于 1648 年的阿姆斯特丹市政厅（图 9-21）。在该市政厅立面的对称构图中，巨柱式的采用将古典原则与文艺复兴的风格融合在一起；室内建有宽敞明亮的大厅和装饰华美的房间，可与文艺复兴时期意大利的任何宫殿媲美，这在荷兰未有先例。阿姆斯特丹市政厅是欧洲北方 17 世纪最重要的建筑物，也是荷兰历史上最辉煌年代城市生活的标志。

图 9-21　阿姆斯特丹市政厅

（3）对英国的影响。16 世纪中叶，文艺复兴建筑在英国逐渐兴起，建筑物呈现过渡性风格，既继承了哥特式建筑的都铎传统，又采用了意大利文艺复兴建筑的细部。中世纪的英国热衷于建造壮丽的教堂，在 16 世纪下半叶开始注意世俗建筑。富商、权贵、绅士的大型豪华府邸多建在乡村，有塔楼、山墙、檐部、女儿墙、栏杆和烟囱，墙壁上常常开许多凸窗，窗额为方形。文艺复兴建筑的细部也被应用到室内装饰和家具陈设上。

英国文艺复兴时期最著名的府邸是哈德威克府邸（图 9-22）、勃仑罕姆府邸、坎德莱斯顿府邸。这些府邸的平面都具有一定的相似性，表现为正中为主楼，包含大厅、沙龙、书房等。主楼前是一个很宽的三合院，两侧各有一个很大的院子，一个是厨房及仆役的房屋，另一个是马厩等。府邸周围一般布置形状规则的大花园，其中有前庭、平台、水池、喷泉、花坛和灌木绿篱，与府邸组成了完整和谐的环境。

位于德比郡的哈顿大厦（图 9-23）是一座大型的庄园府邸。其平面大致对称，南面是大玻璃窗，窗子由许多小块玻璃格组成，吊顶是石膏带饰，在有壁柱和拱券的地方采用了木镶板，暗示着帕拉第奥母题。

图 9-22　哈德威克府邸长厅（英国）

图 9-23　哈顿大厦长厅（英国）

（4）对德国的影响。在意大利文艺复兴建筑的影响下，德国在16世纪下半叶出现了文艺复兴建筑。开始时，德国建筑师主要是在哥特式建筑上安置一些文艺复兴建筑风格的构件，或者增添一些这种风格的建筑装饰。典型实例有规模巨大的海德堡宫（1531—1612年）和海尔布隆市政厅（1535—1596年）。从17世纪开始，意大利建筑师陆续从意大利北部把文艺复兴建筑艺术带到德国。而德国建筑师也开始真正接受文艺复兴建筑，并创造了具有本民族特点的手法。不来梅市政厅（图9-24）1612年改造后的立面是这一时期的代表作之一。

图 9-24　不来梅市政厅

（5）对西班牙的影响。15世纪下半叶，意大利文艺复兴建筑风格与西班牙哥特式传统风格以及摩尔人的阿拉伯风格结合在一起，产生了一种"银匠式"风格。"银匠式"这一术语指像银器般精雕细刻的建筑装饰。这种装饰主要集中在入口和窗户的周围，包括各种石头、泥灰制作的雕塑装饰，加上用铸铁制作的花栏杆、窗格栅、各种灯盏和花盆托架，玲珑剔透，十分精美，表现了西班牙人活泼热情的性格特征。"银匠式"风格在16世纪上半叶日益发展，这种风格的代表性建筑物是萨拉曼卡大学图书馆的立面（图9-25，完成于1529年）等。而格拉纳达主教堂室内（图9-26）的细部装饰则是"银匠式"风格在室内的典型代表。

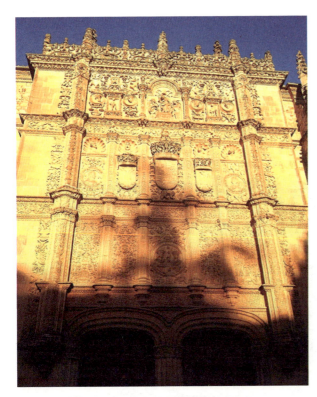

图 9-25　萨拉曼卡大学图书馆的立面

图 9-26　格拉纳达主教堂室内

此后，文艺复兴建筑风格逐渐加强，古典主义的风格在西班牙建筑中占据了上风。1556年，腓力二世继位，他下令建造了集皇家陵墓、教堂、修道院、皇家宫殿等于一身的埃斯科里亚尔宫（图9-27）。这是一座用灰色花岗岩建造的庞大宫殿建筑群，平面为长约200米、宽约160米的矩形，包括17座庭院，沿中轴线两侧对称布局，呈网格状。

（6）对俄罗斯的影响。俄罗斯的建筑传统是在拜占庭建筑的影响下形成的。俄罗斯建筑的墙体很厚，窗户很小，穹隆顶密集，内部主要用湿粉画装饰，间有彩色镶嵌。15世纪末俄罗斯统一后，教堂建筑仍保留传统，世俗建筑则受到文艺复兴建筑的影响。16世纪，上层统治阶级的建筑与教堂受民间建筑的影响，产生了"帐篷顶"教堂，这种建筑后来发展成为俄罗斯建筑独特的风格，如红场的圣瓦西里教堂（图9-28）就深受这种风格的影响。18世纪初，随着社会改革，俄罗斯建筑吸收了法国古典主义的处理手法，产生了不少颇具特色的建筑。

图 9-27　埃斯科里亚尔宫

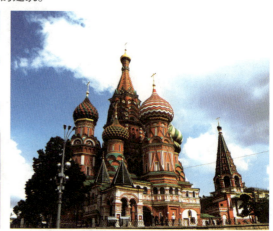

图 9-28　圣瓦西里教堂

第四节　文艺复兴时期的室内空间和家具陈设

一、建筑装饰

文艺复兴时期，宫殿、城楼、宅邸、别墅、医院、剧场、市政厅、图书馆等世俗性建筑的兴盛，逐渐取代了宗教建筑一统天下的局面。这些世俗性建筑大量采用古希腊、古罗马建筑的各种柱式，并且融合了拜占庭和阿拉伯建筑的结构形式。这一时期，整体建筑设计的基本原理是对称与均衡，建筑的外观呈现明快而笔直的线条，尤其是借助笔直的架构强调水平的特性，如水平向的厚檐、各楼层之间的台口线等，窗口及出入口均采用水平线、垂直线、圆弧、山墙等几何图形设计，并且每一部分都有一个统一的尺寸，建筑物在整体上特别注重合乎理性的稳定（图9-29）。

图 9-29　达芬查蒂府邸室内（佛罗伦萨）

这一时期，与人的感受联系更为紧密的室内空间越来越受到重视，室内设计风格也受到新要求的强烈影响。对称是一种主要概念，同时线脚和带状细部采用了古罗马范例。一般而言，这一时期的室内墙面平整简洁，色彩常呈中性或画有图案，像墙纸一样。在装饰讲究的室内，墙面覆盖着壁画；吊顶梁或隔板常涂有绚丽的色彩；地砖、陶面砖或大理石的地面可以布置成方格状图案，或比较复杂的几何形图案（图9-30）。

图9-30 沃尔塞奇府邸室内（米兰）

二、家具

文艺复兴时期是欧洲家具与室内设计的大发展时期。随着封建宗教生活对人们的禁锢被打破，世俗生活日益受到关注，家具的设计也受到了更多重视。这一时期的建筑与室内装饰给家具的发展带来了极大的影响，家具颇多地采用了镶嵌、绘画等装饰技术（图9-31）。意大利文艺复兴时期家具的特征是普遍采用直线式，以古典浮雕图案为特征，许多家具放在矮台座上，椅子上加装垫子，家具部件多样化，除用少量橡木、杉木、丝柏木外，核桃木是使用最多的木种。为了节约木材，人们多将大型图案的丝织品用作座椅等的装饰。在意大利，为了适应社会交往和接待增多的需要，家具通常靠墙布置，并沿墙布置了半身雕像、绘画、装饰品等，强调水平线，使墙面成为构图的中心。

在椅子方面，哥特式箱柜造型已为仿罗马造型所替代。贵族们一般都使用装饰豪华、造型丰富的椅子，扶手椅的坐垫和靠背都覆盖有由羊毛或羽毛填充的垫子，比中世纪的木板椅坐起来更舒适。其中折叠椅（图9-32）是仿古罗马执政官座椅制成的，多用于餐厅、书屋、客厅等。另一种被称为"卡萨邦卡"的长座椅一般固定于地板上，上面雕有装饰花纹，用于会客或各种礼仪性场合。

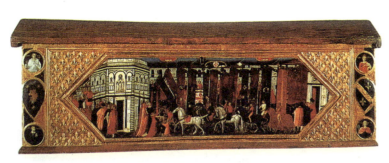

图9-31 文艺复兴时期大雕花衣柜（意大利）

图9-32 文艺复兴时期的折叠椅（意大利）

三、室内陈设

文艺复兴时期的陈设主要包括日常生活和社交用的挂毯、纺织品、陶瓷玻璃器皿、金属工艺品等。14—16世纪是挂毯等纺织品的黄金时代。挂毯除用来装饰壁面外，还具有吸湿、调温等功能，装饰时多为数件一组，富丽堂皇。此外，一种叫作蕾丝花边的织物在当时也相当流行。丝织品是文艺复兴时期最流行的织物，其采用大尺度的编织图案，色彩浓烈。天鹅绒（图9-33）和锦缎成为文艺复兴早期的主流。到16世纪时，织锦和凸花厚缎逐渐得到广泛应用。

当时，"玛裘黎卡"风格的陶瓷用品在意大利较为流行。这种风格的陶瓷用品上有各种榭叶、孔雀羽毛、几何图形装饰纹样，颜色一开始以紫、绿、黄、蓝为主，后来逐渐发展为多种色彩。

颇能显示文艺复兴金属特色的制品有餐具、摆饰、暖炉饰品、烛台等日常用品，以及刀、剑、甲、胄等。

图9-33　15世纪晚期意大利的天鹅绒织物

本章小结

本章围绕文艺复兴时期的室内艺术设计史展开，主要讲述了文艺复兴的基本过程、代表人物及其主要成就等，有助于学生深入了解文艺复兴对室内艺术设计发展的重要影响。

思考与实训

简述意大利文艺复兴时期的代表人物及其成就。

CHAPTER TEN

第十章 欧美17世纪与18世纪时期

知识目标

熟悉巴洛克风格的主要人物、装饰特色，了解法国建筑在不同时期的发展特点和设计成就，了解英国、德国及美洲在17世纪和18世纪的室内艺术设计发展情况。

技能目标

能够甄别巴洛克风格和洛可可风格，并合理使用其设计元素。

17—18世纪，文艺复兴的影响依然在蔓延，并在不同地区和国家产生了越来越明显的影响，产生了多种类型的建筑及室内风格形态。西方古代建筑史上先后出现了巴洛克和洛可可两种建筑风格，这是继文艺复兴之后的又一次建筑发展高潮。但新风格的出现与文艺复兴风格的终结并没有一个明确的分界线，新风格是在文艺复兴建筑风格的基础上发展形成的。这两种风格的先后出现对西方古典建筑的发展影响深远。

第一节 意大利与巴洛克风格

巴洛克源于葡萄牙文"barocco"，意指异形的珍珠。巴洛克风格是17—18世纪在意大利文艺复兴风格的基础上发展起来的一种建筑和装饰风格。巴洛克风格产生于意大利，以罗马为中心，服务于教皇和教廷贵族。巴洛克风格的教堂富丽堂皇，而且能营造强烈的神秘气氛，符合天主教会炫耀财富和追求神秘感的要求。因此，巴洛克建筑从罗马发端后，不久即传遍了欧洲。巴洛克风格冲破了文艺复兴晚期古典主义者制定的种种清规戒律，反映了向往自由的世俗思想。巴洛克风格从文艺复兴时期的手法主义发展而来，是一种突破古典"常规"的建筑风格。

一、巴洛克风格的主要元素

巴洛克风格的基调是富丽堂皇而又新奇欢畅，具有强烈的世俗享乐的味道。巴洛克建筑主要有以下的特征：第一，炫耀财富。它常常大量运用贵重的材料、精细的加工、刻意的装饰，以显示其主人的富有与高贵。巴洛克风格室内空间装饰的主要特征就是日渐繁缛、色彩艳丽，似乎在炫耀财富，呈现出自由、活跃的建筑形式。第二，其常常采用一些非理性组合手法，从而产生反常与惊奇的特殊效果。其追求新颖，建筑处理手法打破古典形式。建筑外形自由，有时会不顾结构逻辑，采用非理性组合，以取得反常效果。第三，其提倡世俗化，反对神权，提倡人权。反对神权的结果是人性的解放，这种人性的光芒照耀着艺术，使建筑中享乐主义的色彩很浓，同时具有浓郁的浪漫主义色彩，非常强调艺术家丰富的想象力。第四，其追求建筑形体和空间的动态，追求形体的不稳定性、节奏的跳跃。巴洛克风格采用以椭圆形为基础的S形、波浪形的平面和立面，使建筑形象产生动态感；或者打破建筑装饰与雕刻、绘画的界限，使其互相渗透；或者用高低错落及形式构件之间的某种不协调引起刺激感。

巴洛克建筑和室内装饰强调雕塑性，采用了色彩斑斓的形式。其造型源于自然、树叶、贝壳、涡卷，丰富了早期文艺复兴的古典语汇。墙和吊顶都有修饰。有些隔断也用立体的雕塑装饰，或带有人像和花草元素。它们有些涂有各种颜色，并融入彩绘的背景，创造了一种充满动感的人像密集的幻觉空间。其常利用透视产生错觉，用透视法夸大建筑的比例、尺度。

二、巴洛克艺术在意大利的发展

16世纪末到17世纪初，意大利有3个艺术流派在相互斗争中产生，它们是意大利学院派艺术、巴洛克艺术和以卡拉瓦乔为代表的现实主义艺术。其中，巴洛克艺术对当时的建筑和室内设计产生了几近颠覆性的影响，它沿袭了16世纪文艺复兴盛期演变而来的手法主义，并在此基础上得到了发展和改进。

17世纪巴洛克艺术的最大中心是罗马，佛罗伦萨已退居次要地位。意大利的巴洛克艺术一般分为三个阶段：1600—1625年为初期，1625—1685年为盛期，1685—1750年为后期。17世纪的建筑活动主要集中于罗马一带。当时，整个意大利处于进一步的衰落之中，而罗马掀起了一个新的建筑高潮，兴建了大量中小型教堂、城市广场和花园别墅。其主要特征有5点：第一，炫耀财富。大量使用贵重的材料，充满了装饰，色彩鲜丽，珠光宝气。第二，追求新奇。建筑师标新立异，前所未有的建筑形象和手法层出不穷。创新的主要路径表现为：赋予建筑实体和空间以动态，或波折流转，或激烈碰撞；另一种就是打破建筑、雕刻和绘画的界限，使它们互相渗透。第三，不顾结构逻辑，采用非理性的组合，取得反常的效果。第四，趋向自然。郊外兴建了许多别墅，园林艺术有所发展，在城市里也建造了一些开敞的广场；建筑渐渐开敞，并在装饰中增加了自然题材。第五，城市和建筑都有一种欢乐的气氛。

三、意大利巴洛克艺术的代表人物及其主要成就

1. 维尼奥拉

维尼奥拉（Giacomo Barozzi Da Vignola，1507—1573年）是意大利文艺复兴晚期的著名建筑师和建筑理论家。他在巴洛克艺术发展过程中起了重要作用。他设计的罗马耶稣会教堂（图10-1和图10-2）是由手法主义向巴洛克风格过渡的代表作并成为日后巴洛克教堂的原型，也有人称之为第一座巴洛克建筑，以至于在反宗教改革时期，耶稣会命令以其为蓝本兴建或改建许多教堂。当时的艺术、建筑和设计都是为了使罗马的教堂更引人注目、更激动人心、更有吸引力。

罗马耶稣会教堂平面为长方形，端部突出一个圣龛，由哥特式教堂惯用的拉丁十字形演变而来，中厅宽阔，拱顶满布雕像和装饰。十字正中升起一座穹隆顶。教堂正门上面分层檐部和山花被做成重叠的弧形和三角形，大门两侧采用了倚柱和扁壁柱。立面上部两侧做了两对大涡卷。

图 10-1　罗马耶稣会教堂

图 10-2　罗马耶稣会教堂室内

2. 贝尼尼

贝尼尼（Giovanni Lorenzo Bernini，1598—1680 年）是巴洛克时期世界上最著名的雕刻家与建筑师、画家、早期杰出的巴洛克艺术家。在他多产的艺术生涯当中，贝尼尼有很多作品都与圣彼得大教堂有关。

贝尼尼的第一个建筑作品是位于梵蒂冈圣彼得大教堂祭坛上方的铜质华盖（图 10-3）。1629 年，他作为负责圣彼得大教堂的建筑师设计了位于穹顶下最中心位置祭坛上的巨型华盖，这个巴洛克式的焦点控制了整个空间，使室内特性也转变为巴洛克语汇。实际上，该华盖是一个雕刻作品，也是一个建筑作品，它由 4 个巨大的青铜柱子支撑顶部，相当于 10 层楼那么高。柱子看上去是古罗马科林斯式，但好像是被巨人扭曲过。华盖顶端是镀金的十字架，由 S 形半券支撑，十字架放在宝球之上。整个华盖缀满藤蔓、天使和人物，充满活力。

图 10-3　圣彼得大教堂祭坛上方的铜质华盖

贝尼尼以列柱的形式，兴建了圣彼得大教堂前著名的广场回廊，这座回廊如一双手臂环抱，使原来冷峻崇高的教皇殿堂产生了亲切感（图 10-4）。

贝尼尼设计的建于罗马的圣安德烈·阿尔·奎里内尔（S.Andrea al Quirinale）小教堂（图 10-5）是一个由穹顶覆盖的椭圆形空间，周围环绕壁龛，可用作祈祷室和圣坛。穹顶断面刚好是椭圆形平面的一半。科林斯柱子环绕空间排布，穹顶基座开有一列窗户，窗户周围装饰着人物雕像，穹顶中间也有。而标志着贝尼尼雕刻顶峰的是他在 1645—1647 年完成的圣德列萨祭坛（图 10-6）。贝尼尼圆熟的雕刻技巧尤其表现在与真人等大的圣女雕像的复杂衣褶上。大面积的衣褶与下面表现云朵的细节，大大减轻了大理石的沉重感，一切似乎都在飘浮着，这些都充分显示了贝尼尼的雕塑天才。

图 10-4　圣彼得广场

图 10-5　圣安德烈·阿尔·奎里内尔小教堂室内（罗马）

图 10-6　圣德列萨祭坛

3. 博罗米尼

博罗米尼（Francesco Borromini，1599—1667 年）是 17 世纪意大利最伟大的建筑师，也是主导巴洛克风格的人物之一。他得心应手地运用对比互换的凹凸线和复杂交错的几何形体，创作出一系列令人叹为观止的巴洛克建筑。1638 年，博罗米尼受圣三一会修士之托在四喷泉十字路口的狭小位置设计了四喷泉圣卡罗教堂（San Carlo Alle Quattro Fontane）及其修道院（图 10-7），而这座教堂日后成为罗马巴洛克建筑最重要的作品之一。它的平面是由两个等边三角形组成的一个菱形，上升到上楣处，以弧线相连接呈现为椭圆形，这种平面象征着三位一体。

图 10-7　四喷泉圣卡罗教堂

室内主空间中的 16 根圆柱分为 4 组支撑着柱上楣，柱头别具特色，将罗马式的涡卷装饰反转过来。站在圆顶之下向上看，在柱上楣之上有 4 个大券，形成了 4 个内凹的龛，拱间形成的帆拱支撑着上面的鼓座和椭圆穹顶（图 10-8）。

博罗米尼善于利用既有的空间条件制造令人耳目一新的效果，这一点还表现在他的另一件作品——罗马的圣伊沃教堂（S.Ivo della sapienza）（图 10-9）中。他因地制宜地利用庭院东端原有的两层半圆形立面，使人从外观上看不出教堂的内部结构。从内部来看，礼拜堂的平面很新颖，由两个等边三角形相叠并旋转而构成一个六角星形状，据说这种形状是智慧的象征。圆顶直接从上楣处升起，没有通常过渡性的鼓座，从而构成了一个六角形穹顶。用白色、金色装饰的星形穹顶不是一个简单的圆形，是由六片凸出、凹进相间的墙板组成，一直延伸到顶部的采光亭。采光亭外部顶上冠以螺旋形雕塑，其象征意义模糊不清，但形式大胆，是巴洛克艺术的典型特征。六角形的采光亭顶端为一螺旋形上升的小金字塔，顶着圆球与十字架，颇具伊斯兰清真寺尖塔的风味。

图 10-8　四喷泉圣卡罗教堂室内　　　　图 10-9　圣伊沃教堂

4. 瓜里尼

瓜里诺·瓜里尼（Guarino Guarini，1624—1683 年）精通数学，是一位活跃于都灵的建筑师。都灵的卡里尼亚诺大厦（Palazzo Carignano）（图 10-10）是其府邸建筑中的杰作。其波浪形的立面和曲线双回楼梯以及大厅中奇特的双圆顶堪称 17 世纪后半叶意大利最优美的府邸。这座巨大的建筑环绕中心院落布置，外部正立面中心凸出，向前呈波浪形。它的主立面为起伏的清水红砖，无灰泥层，以突出红砖的独特形状。入口通向一个椭圆形的、列柱环绕的大厅，大厅向院子敞开。瓜里尼在都灵设计的圣洛伦佐教堂（S.Lorenzo）（图 10-11）可以归为皇家宫殿建筑。这座教堂的体量是一个大方块加上一个凸出的小方块，小方块内是圣坛。大方块内平面是由各种形状叠加成的曲线形，平面凹凸有致，可看到希腊十字、八边形、圆形和不知名的复杂形状。

图 10-10　卡里尼亚诺大厦　　　　图 10-11　圣洛伦佐教堂

5. 尤瓦拉

进入 18 世纪，皮埃蒙特地区最重要的建筑师是菲利波·尤瓦拉（Filippo Juvarra，1678—1736 年），他是一位杰出的建筑师和城市规划师。他设计的皇家建筑斯图皮尼吉宫（Stupinigi Palace）（图 10-12）最为鲜明地表现了其建筑设计的宏大气势和折中主义倾向。这座宫殿群的主体建筑平面为 X 形，从中央的圆形建筑辐射出 4 条呈对角向的翼楼。在这组建筑的前面，尤瓦拉又将建筑加以扩展，围成了一个六角形的庭院。从规模来看，这座气势恢宏的王宫是对法国凡尔赛宫的仿效。大客厅上方建有圆顶，四周环绕四个圆室，二楼是供乐师使用的楼廊。整个大厅装饰有彩色与金色图案，交相辉映，墙面上的壁画与雕塑装饰令人眼花缭乱，就像华丽的舞台布景。

图 10-12　斯图皮尼吉宫内的狩猎厅

四、意大利巴洛克风格室内装饰与家具陈设

1. 教堂的室内空间

天主教堂是巴洛克风格的代表性建筑物。这一时期教堂的形制严格遵守特仑特宗教会议的决定，以罗马的耶稣教堂为蓝本，一律用拉丁十字式把侧廊改为几间小礼拜室。但是，这些教堂未遵守特仑特宗教会议要求教堂简单朴素的规定，而是装饰着大量壁画和雕刻，处处是大理石、铜和黄金。其室内壁画的一个特点是经常使用透视法延续建筑，扩大建筑空间。例如，在吊顶上接着四壁的透视线再画上一两层，然后在檐口之上画高远的天空、舒卷的云朵和飞翔的天使。第二个特点是色彩鲜艳明亮，对比强烈。第三个特点是构图动态强烈。画中的形象拥挤着、扭曲着、不安地骚动着。但是，在巴洛克式教堂中，各种艺术手段的焦点在于圣坛和祭坛，以光耀上帝。

科尔托纳是意大利画家及建筑家，是罗马巴洛克盛期的奠基者之一，其最杰出的作品是位于罗马巴贝里尼（Palazzo Barberini）宫的天顶壁画《神意的胜利》（图 10-13）。画家在这件作品中进一步发扬了巴洛克天顶壁画的传统，让各色人物从云际空间直接穿插于建筑透视背景，有目眩神移之效。这种集绘画、雕刻与建筑装修于一体的艺术成为日后流行于欧洲各地同类作品的楷模。

图 10-13　巴贝里尼宫的天顶壁画

2. 府邸的室内空间

都灵城在这一时期建造了一些水平较高的府邸。其中最重要的是瓜里尼设计的卡里尼亚诺大厦（图 10-14），它以门厅为整个府邸的水平交通和垂直交通的枢纽，是建筑平面处理上很有意义的进步。门厅是椭圆形的，有一对完全敞开的弧形楼梯靠着外墙，这造就了立面中段波浪式的曲面。楼梯形成了门厅中空间的复杂变化，而且本身也很富于装饰性，这进一步标志着室内设计水平的提高。

在威尼斯的室内设计中，墙面布满令人惊奇的、富丽堂皇的绘画和石膏工艺品。建于中世纪的公爵府又名威尼斯总督府（Doge's Palace）（图 10-15）。在议会大厅内，墙面上一个巨大的钟与其他绘画一起布满了墙裙以上的墙面，而吊顶画周围的边框都是镀金的图案，给观者以强烈的印象。

图 10-14　卡里尼亚诺大厦

图 10-15　威尼斯总督府议会大厅

3. 家具与室内陈设

17世纪以后，意大利的巴洛克家具发展到了顶峰，家具上的壁柱、圆柱、人柱像、贝壳、涡卷形、狮子等高浮雕装饰以及精雕细琢的细木工制作，是王侯贵族生活中高格调的贵族样式。使家具艺术、建筑艺术和雕刻艺术融为一体的巴洛克家具艺术极其华丽、多姿多彩。巴洛克家具通常硕大、肥胖，呈鼓形。巴洛克风格家具（图10-16）的主要特色是强调力度、变化和动感，沙发华丽的布面与精致的雕刻互相配合，把高贵的造型与地面铺饰融为一体，气质雍容。其强调建筑绘画与雕塑以及室内环境等的综合性，突出夸张、浪漫、激情和非理性、幻觉、幻想的特点。其打破均衡，平面多变，强调层次和深度。使用各色大理石、宝石、青铜、金等装饰，华丽、壮观，突破了文艺复兴时期古典主义的一些程式、原则。

当时，镜框、画框、吊灯及一些日常器皿都带有雕刻和镀金，极尽烦琐之能事，贝壳、卷草或涡卷形是深受喜爱的S形装饰图案。18世纪出现了窗帘和装饰性窗帘帐。地面常用磨光木地板，称为"拼花地板"，用小方块排列成图案；如用大理石或瓷砖，则常被设计成与房屋形状相关的图案或其他几何形状。毛毡或地毯则是用得较少的奢侈品。

图 10-16　巴洛克橱柜（佛罗伦萨）

第二节　法国的古典主义、巴洛克和洛可可风格

法国建筑在巴洛克时期呈现出古典主义的面貌，这是因为推行绝对王权的法国君主崇尚的是古典主义。另一方面，自弗朗索瓦一世以来，法国艺术便受到意大利艺术的强烈影响，并被笼罩于罗马巴洛克艺术的大氛围之下。因此，这一时期的法国建筑在规模及细节上都不同程度地体现了巴洛克风格的特征。

一、路易十四时期

　　法国巴洛克的极盛时期是路易十四时期。法王路易十四被称为"太阳王",其执政期间正是君权神授思想的巅峰时期。路易十四向往意大利的文艺复兴,建立了法兰西学院,每年派遣艺术家到意大利学习。受路易十四影响,整个法国举凡服装、礼仪、艺术都展现出巴洛克风格,意大利古典美学蔚为盛行。这一时期,法国竭力崇尚古典主义建筑风格,诞生了很多古典主义风格的建筑。法国古典主义建筑的代表作有巴黎卢浮宫的东立面(图10-17)、凡尔赛宫和巴黎残疾军人教堂等。凡尔赛宫不仅创立了宫殿的新形制,而且在规划设计和造园艺术上都为当时欧洲各国所效法。

图10-17　卢浮宫的东立面

　　凡尔赛宫位于巴黎西南18千米的凡尔赛镇。凡尔赛宫的前身是法国国王路易十三的狩猎城堡,后来由他的儿子路易十四历时29年,倾尽人力、物力,在原本是沼泽的地上将其改造扩建为王宫并迁到这里办公。整座宫殿虽然兴建及扩建于不同的年代,但在外貌上基本可以算作巴洛克风格。凡尔赛宫的特色在于它的外观装饰不像其他巴洛克建筑那样华丽大胆,但它几乎是所有文艺复兴风格特质的重组。凡尔赛宫的室内设计理念更是被视作以人为中心的典范(图10-18)。凡尔赛宫的规模、面貌都是由代表学院派古典主义的于·阿·孟萨决定的。他把西立面中央办公厅的一个开间补上,并从两端各取出开间,创造了一个长达19间的大厅。厅长76米,高13.1米,宽9.7米,是凡尔赛宫最主要的大厅,用于举行重大的仪式。同西面的窗相对,东墙上安装了17面大镜子,因此该大厅也被称为镜厅(图10-19)。这17面大镜子中的每一面均由483块镜片组成。白天,人们在室内便可通过镜子观赏园中美景。夜宴时,400支蜡烛的火焰一同跃入镜中,镜内镜外烛光辉映,如梦如幻。镜厅用白色和淡紫色大理石贴墙面,科林斯的壁柱,柱身用绿色大理石,柱头和柱础是铜铸

图10-18　凡尔赛宫王后卧室

图10-19　凡尔赛宫镜厅

的，镀金。柱头上的主要装饰母题是展开双翅的太阳，因为路易十四当时被尊称为"太阳王"。檐壁上塑着花环，檐口上坐着天使，都是金色的。拱顶上布满了描绘路易十四最初18年征战功绩的彩色绘画。凡尔赛宫的内部装修全由夏尔·勒布伦负责。

于·阿·孟萨设计的恩瓦立德新教堂（S Louis des Invalides）（图10-20）是17世纪最完整的古典主义纪念物，拿破仑就安葬在那里。教堂是为残疾军人收容院造的，目的是纪念"为君主流血牺牲"的人，因此也被称为巴黎残疾军人教堂，是17世纪法国典型的古典主义建筑。新教堂接在旧的巴西利卡式教堂南端，平面呈正方形，中央顶部覆盖着有三层壳体的穹隆，外观呈抛物线状，略微向上提高，顶上还加了一个文艺复兴时期惯用的采光亭。

图10-20　恩瓦立德新教堂

三、路易十五、路易十六时期

路易十五时期的建筑从巴洛克风格的烦琐转向古典主义的内敛，后被称为新古典主义。在路易十五时期，人们更关心的是朴素的城镇住宅设计、较小的皇室项目和采用优雅洛可可风格的室内装修与改造。洛可可风格在这一时期得到了较为广泛的发展，最初表现在室内装饰品上，以豪华、欢快的情调为主，主要在宫廷中流行。这种艺术风格华丽、纤巧、轻薄。室内装饰追求各种涡形花纹的曲线。

洛可可风格表现在室内装饰上反映了贵族苍白无聊的生活和娇弱敏感的心灵。洛可可风格在室内排斥一切建筑母题。过去用壁柱的地方，改用镶板或镜子，四周用细巧复杂的边框围起来；檐口和小山花也用凹圆线脚和柔软的涡卷代替；圆雕和高浮雕换成了色彩艳丽的小幅绘画和薄浮雕，浮雕的轮廓融进底子的平面；不再使用丰满的花环，代之以纤细的璎珞；线脚和雕饰都是细细的、薄薄的，没有体积感。其最爱用的是千变万化的舒卷着、纠缠着的草叶，此外还有蚌壳、蔷薇和棕榈。草叶、蚌壳、蔷薇和棕榈还构成撑托、壁炉架、镜框、门窗框和家具腿等。为了彻底模仿植物的自然形态，这些装饰后来呈现为完全不对称的格局，甚至连建筑部件都不对称。贵族们喜爱闪烁的光泽，墙上嵌着大量镜子，挂着晶体玻璃的吊灯，陈设着瓷器，家具上镶螺钿，壁炉用磨光的大理石，大量使用金漆，等等。

十大洛可可建筑代表作

洛可可装饰的代表作是勃夫杭设计的巴黎苏俾士府邸（Hotel de Soubise）的客厅（图10-21），其窗户、门、镜子和绘画周围都环绕着镀金的洛可可装饰，简单的房型却有着复杂的装饰，通过镜子的多次反射，营造出华丽的效果。

路易十六时期，洛可可设计又结合了一

图10-21　巴黎苏俾士府邸的客厅

些新元素，向更学院式、更严谨的新古典主义方向发展。加布里埃尔在凡尔赛宫的作品和著名的面向巴黎路易十五广场的两个立面都是这一时期的代表作。这一时期，建筑室内根据潮流变化常常重新装修，装饰丰富。

四、路易十四、十五、十六时期的住宅空间及室内家具

路易十四时期的家具与当时的宫殿、城市府邸一样，尺度巨大，结构厚重，装饰丰富。建筑与室内设计的风格是统一的。橡木与胡桃木是常用的木材，此外，人们还用一种镶嵌细工，用镀金和银来装饰（图10-22）。椅子一般是方形的，很厚重，带有扶手、座位和靠背，并有垫子和套子。除了这些厚重精致的家具以外，有些小物品也和家具一起发展。照明的枝形烛台用金属、雕花木头和水晶进行各种方式的组合。镜子有各种尺寸，采用雕花和镀金边框，与画框装饰一样丰富。钟（图10-23）的价值在于装饰华丽，暗示地位尊贵。其色彩趋势强烈，如明亮的红色、绿色或紫罗兰色，和镀金装饰结合在一起，极尽奢侈豪华。中国墙纸从那时起被引进，并渐渐地在室内设计中深受欢迎，使室内设计兼有东方趣味和异国情调。挂毯是人们非常喜爱的墙上饰物，有时铺在地上，下面由木材、石头或大理石铺设，常带有简洁的几何图案。

图 10-22 法国 18 世纪中期的衣柜

图 10-23 法国音乐钟

法国路易十五时期的家具娇柔而雅致，符合人体尺度，设计重点放在曲线上，特别是家具的腿，无横档，家具比较轻巧，因此容易移动；核桃木、红木、果木以及藤料、蒲制品和麦秆均有使用；华丽装饰包括雕刻、镶嵌、油漆、彩饰、镀金等（图10-24）。该时期的初期有许多新家具被引进或大量制造，人们多采用色彩柔和的织物装饰家具，如图案不对称的、断开的曲线，花，扭曲的旋涡纹饰，贝壳，中国风格装饰图案，乐器（小提琴、角制号、鼓），爱的标志（持弓箭的丘比特），花环，牧羊人的场面，战利品装饰（象征战役的装饰布置）、动物等。

图 10-24 小特里亚农宫王后卧室

法国路易十六时期的家具特征体现为古典影响占统治地位，家具更轻、更女性化和细软，考虑人体的舒适性，对称设计，带有直线和几何形式，大多为喷漆的家具；橱柜和五斗柜是矩形的；箱盒的五金吊环上饰有四周含框架的图案；座椅上装坐垫，采用直线腿，向下部逐渐变细，呈箭袋形或细长形，有凹槽，椅靠背是矩形、卵形或圆雕饰，顶点为青铜制，金属镶嵌有节制，镶嵌细工及镀金等装潢都很精美雅致，装饰图案源于希腊。地方性家具（图10-25和图10-26）在法国不同地区略有不同，但都是从路易十四或路易十五时期的华贵风格中提取元素并进行简化的。其雕刻细部趋向于华美并采用曲线，但材料通常为实心木料，最常用的木材有橡木和胡桃木。这一时期出现了大型的储存用的柜子，大衣柜是重要的陈设家具，常常有雕刻细部，暗示着洛可可风格。

图10-25 格拉斯地方风格的厨房（法国）

图10-26 格拉斯地方风格的卧室、起居室（法国）

第三节 其他欧洲国家的发展

一、英国

17世纪上半叶，英国资本主义经济迅速成长，封建制度成了资本主义发展的严重障碍，资产阶级革命爆发。革命力量聚集在国会周围，同国王进行了激烈的斗争。1649年，查理一世被送上断头台，国会废除了君主制，宣布英国为共和国。1660年，斯图亚特王朝复辟。1688年，资产阶级和新贵族发动宫廷政变推翻了复辟王朝，确立了君主立宪制的资本主义制度。英国资本主义经济发展的重要特点之一是在早期就深入农业。一些贵族从事资本主义经营，一些资产阶级则购买土地，建设农庄。庄院府邸一时大盛，带动了建筑潮流的变化。兴起于罗马的新古典主义，很快传遍英国及整个欧洲，并随着殖民活动漂洋过海，传到了北美地区。

（1）詹姆斯一世时期。1603年，英王伊丽莎白一世死后无嗣，苏格兰国王詹姆斯六世被指定为继承人，史称詹姆斯一世，开始了斯图亚特王朝的统治。

哈特菲尔德府邸（Hartfield House）（图10-27）始建于

图10-27 哈特菲尔德府邸

1608 年，是一个不规则的对称体块，平面呈 U 形。该府邸实际上是两幢房子（供国王与王后访问时居住）与一个连接体，连接体内设有城堡风格的大厅、长廊和许多其他房间。室内精致的镶板、雕刻、带有古典柱子的壁炉以及由石膏制成的条状装饰都向人们展示了詹姆斯一世风格兼受意大利与荷兰建筑风格的影响。

詹姆斯一世时期，伊尼戈·琼斯（Inigo Jones）是白厅宫（Whitehall Palace）（图 10-28）的设计者。这是一间两层高的房间，带有严格的帕拉第奥的外立面，室内是双立方体空间，带出挑的阳台，下层是爱奥尼柱式，上层是科林斯柱式，吊顶分成大小不一的格子，格子内部是鲁本斯的绘画作品，周围是华美的石膏装饰。

琼斯和约翰·韦布还共同负责了位于威尔特郡的威尔顿府邸（图 10-29）的重建设计工作。它包括两个正规精致的礼仪大厅，根据它们的几何形状而被称为单立方体大厅和双立方体大厅，墙面为白色，带有彩色和镀金的雕刻装饰，有花环和成堆的水果装饰，画框周围模仿帐帘组成。吊顶是凹形带有彩绘的镶板，凹形表面的边框带有石膏装饰。

从某种程度上说，詹姆斯一世时期的家具比伊丽莎白时期的家具轻巧许多，尺度也小些，雕刻装饰也更加优雅（图 10-30）。

图 10-28　白厅宫宴会厅

图 10-29　威尔顿府邸的大厅

图 10-30　詹姆斯一世时期的扶手椅

（2）威廉、玛丽时期。在威廉、玛丽时期，英国最著名的建筑师当属克里斯托弗·雷恩爵士（Christopher Wren）。他是一位数学家、物理学家、发明家和天文学家，是一名多才多艺的"文艺复兴人物"。圣史蒂芬·沃布鲁克教堂（图10-31）的室内设计是雷恩伟大的杰作之一。教堂内的空间是一个简单的长方形，通过引入16根柱子来界定一个希腊十字方形，方形之上是八边形，这使空间变得更加复杂。八边形通过8个券来界定，上面支撑着一个圆穹顶，穹顶由下至上被划分为16、8、16块镶板来装饰，再上面是一个通向采光亭的小圆洞。这个几何杰作产生了独特的美感。室内则通过椭圆形窗和券窗进行采光。

圣保罗大教堂（St.Paul's Cathedral）（图10-32）是雷恩最富纪念性和最著名的作品。该教堂是可以与罗马圣彼得大教堂媲美的英国巴洛克建筑，用碟状穹顶覆盖的中厅、唱诗班和耳堂形成拉丁十字平面，在十字交点处有一个巨大的穹顶，立面上的一对塔楼令人联想到意大利的巴洛克建筑。拱顶根据哥特经验用扶壁加固，但是高高的屏墙把扶壁隐藏起来，呈现出严格的古典主义外部形象。最下面的内部穹顶根据室内空间确定高度。

图 10-31　圣史蒂芬·沃布鲁克教堂

这一时期，胡桃木成为使用最广泛的木材，还常常带有黑檀或其他木材的镶嵌物。在椅背、椅腿和橱柜腿上出现曲线形式（图10-33）。人们开始使用圆桌。非常优雅的雕刻并不罕见，有时涂漆或镀金。

图 10-32　圣保罗大教堂内部

图 10-33　威廉、玛丽时期的家具

（3）安妮女王时期。安妮女王时期相当于英国建筑的巴洛克晚期，家具和室内设计呈现出一种新的趣味：实用、朴素和舒适。建筑却与之相反，继续表达巴洛克式的壮观。范布勒设计的布伦海姆府邸（Blenheim Palace）（图10-34）大厅的无尽序列、三层高的巨大长廊以及厨房和马厩的复杂设计使它可以与凡尔赛宫媲美。

安妮女王时期的家具（图10-35）总的说来比从前的略小，更轻也更舒适。曲线造型、弯曲的家具腿、带椅垫的座位、翼背椅以及秘书用的台式书架均被普遍采用。温莎椅（图10-36）通过环箍固定纤细的弯木，木制的马鞍状的雕刻座位、椅腿也常是反转的，其间有横档连接。这种温莎椅使用很普遍。精致的雕刻、镶嵌和绘画装饰依然在昂贵的家具中出现，在富人的府邸被使用。

图 10-34　布伦海姆府邸　　　图 10-35　安妮女王时期的座椅　　　图 10-36　温莎椅

（4）乔治王朝时期。乔治一世（1714—1727 年）和乔治二世（1727—1760 年）统治时期是乔治风格早期。其通常的定义终止于大约 1750 年。乔治王朝时期，在牛津附近的凯特林顿庄园（图 10-37）的书房是典型实例，现保存在纽约大都会博物馆。这是现代意义上的书房，具有比较严谨但又丰富而豪华的内部装饰，并带有洛可可风格的石膏细部，墙面和吊顶覆盖着白色的石膏装饰；镜子、绘画和巨大的镀金烛架增添了室内色彩和光亮。

在伦敦郊外的西翁府邸（Syon House）有一个壮观的入口大厅（图 10-38），位于两端的所有灰白相间的半圆形壁龛均导向一个方形接待室，那里有 12 根绿色大理石的爱奥尼柱，每根柱子上面支撑着一个金色雕像。彩色大理石的地面图案重复着米色和金色石膏吊顶的调子。

在乔治风格的住宅内，根据主人的财富和地位，无论朴素还是高贵的房子都带有装饰性的石膏吊顶和壁炉台，家具也根据主人的喜好做得舒适朴素或夸张卖弄。绘画和镜框挂在墙上，框很优美；窗户广泛地采用帐幔处理。来自中国的墙纸表达着自然的风景主题，进口的瓷器是餐具中的时尚，钟柜与小神庙形式很像，由山花和柱子构成。小型钟带有弹簧驱动装置，盒子样式或朴素或带有装饰，以便在功能和装饰两方面都能满足各种房间的特殊需求。

图 10-37　凯特林顿庄园的书房　　　　　图 10-38　西翁府邸入口大厅

二、德国

德国在 30 年战争期间遭到严重破坏,艺术发展受到阻碍,历时近半个世纪才从战争中恢复过来,然而到了 19 世纪,德国又重新陷入了分裂局面。虽然四分五裂的德国在 19 世纪之前在欧洲历史上未能作为一个统一体发挥作用,但这似乎并没有妨碍德国艺术与学术的发展;而且在天主教大修道院及教堂中,巴洛克和洛可可室内装饰的豪华程度比起世俗建筑有过之而无不及,尤其是德国南部地区。这时的建筑室内设计达到了很高的水平,尤其在楼梯间的设计上。其充分利用大楼梯的形体变化和空间穿插,配合绘画、雕刻和精致的栏杆,营造了富丽堂皇的气派效果。它们都用了一些世俗化的巴洛克式装饰手法,更显活跃。洛可可风格到了德国也变得毫无节制,放荡不羁。

1. 教堂空间

慕尼黑阿萨姆教堂(图 10-39)是一座著名的巴洛克建筑。这座教堂因虔诚的阿萨姆兄弟中的弟弟 E.Q. 阿萨姆支付了全部费用而得名。它的入口门面很狭窄,装饰集中于中央入口部分和顶部的山花。教堂左、右两边分别是阿萨姆本人和神父的住宅,与教堂相通。教堂内部分为两层,波动起伏的墙面、弯曲的横梁、扭曲的柱子均是典型的巴洛克手法,随处可见繁复的装饰像钟乳石一样垂挂下来。

图 10-39　慕尼黑阿萨姆教堂

2. 宫殿和府邸

宫殿和府邸设计中常免不了一些符合潮流的特别房间的装修设计。例如,在德国奥格斯堡的施纳茨勒府邸舞厅,墙面有洛可可石膏艺术工艺,木雕,精美的镜框、烛台和枝形烛架,在吊顶和墙壁上还有壁画,所有一切华贵装饰都是为了凸显和强调府邸主人的重要性。德国宫殿的室内设计深受法国洛可可风格的影响。其中比较有名的是维尔茨堡雷西登茨宫的楼梯间(图 10-40)。这是一座大型宫殿,其中有一个漂亮的洛可可风格的小礼拜堂、一个气派的大楼梯、一间主要大厅,其吊顶用壁画进行了装饰,由威尼斯画派的乔瓦尼·巴蒂斯塔·提埃波罗绘制。石膏装饰的细部与绘画相互结合,雕刻消失在画中,图画溢出画框,二者相辅相成,表达出无限的空间感。粉红色、蓝色、金色是调色板内的主要颜色。大楼梯在底层由高高的拱廊支撑,上层的墙壁上装饰着扁平的壁柱,其上建有高高的大穹顶,覆盖了整个楼梯大厅。在这里,建筑、绘画与雕塑融为一体,俨然是一座洛可可艺术的殿堂。此外,始建于 1664 年的宁芬堡宫(图 10-41)则是一座辉煌的巴洛克宫殿。

图 10-40　雷西登茨宫的楼梯间　　　　　　图 10-41　宁芬堡宫

三、西班牙

进入 17 世纪，昔日的西班牙日益衰弱。至 17 世纪下半叶，西班牙的政治、经济进一步衰落，但教会的势力与日俱增。西班牙是耶稣会教团的中心，当耶稣会繁盛时，教堂建筑中流行巴洛克风格，而且怪诞的堆砌几乎到了荒唐的地步，被称为"超级巴洛克"。17 世纪下半叶，巴洛克风格在西班牙建筑中继续发展。这时的西班牙建筑强调离奇古怪的结构和戏剧性效果，柱子往往是扭曲的，立面凹凸不平，好像把"银匠式"风格和巴洛克风格糅合在一起。整个建筑物细部让人目不暇接，显得十分烦琐。

西班牙巴洛克建筑最著名的实例是圣地亚哥－德孔波斯特拉主教堂的西立面（图 10-42）。以金黄色花岗岩重建的教堂立面，保存了罗马式的室内及教堂大门，表面装饰复杂，雕刻与曲线形的各种纹样堆砌到了无以复加的程度。由于过于强调高度，其带有一些哥特式的味道。

在托莱多，巴洛克风格的主要代表人物是建筑师、画家和雕塑家托梅，其设计的托莱多主教堂圣龛堪称西班牙巴洛克艺术最辉煌的创造，他将建筑、绘画和雕刻都结合进整体的空间构造，由于在后面的唱诗堂和后堂回廊处加装了玻璃门，因此该圣龛也被称为"透明圣龛"。

西班牙文艺复兴的最后一个阶段被称作库里格拉斯科风格阶段，时间为 1650—1780 年，平行于其他地区的巴洛克与洛可可风格时期。库里格拉斯科风格可以理解为对简朴的严谨装饰风格的反叛，其极端的一个反映是表面装饰非常烦琐，色彩十分艳丽。最惊人的实例是教堂的室内设计。例如，位于格拉纳达的拉卡图亚教堂的圣器收藏室（图 10-43），其墙面覆盖着一层霜状的泥塑装饰，基本的古典式柱子和檐部被淹没其中。这个最为极端的例子恰如其分地体现了库里格拉斯科风格的特征：西班牙式的巴洛克艺术淹没于石膏装饰中，古典建筑的潜在形式完全消失在表面装饰的喧闹中。这样的室内设计已经很难被归入巴洛克、洛可可风格或手法主义范畴，可以说它已超出了任何有规律的分类。

图 10-42　圣地亚哥-德孔波斯特拉大教堂的西立面

图 10-43　位于格拉纳达的拉卡图亚教堂的圣器收藏室

第四节　殖民地时期与联邦时期的美洲

15—16 世纪的探险者发现了美洲,这给欧洲人带来了移居"新世界"的多种可能性。移民的原因逐渐从获取经济利益转向逃避宗教迫害以及单纯地对新的经历和冒险的渴望。在中美和南美,西班牙和葡萄牙移民建造了银匠式、巴洛克式和西班牙巴洛克风格的教堂。但是现实的气候条件、某些材料的匮乏以及对边远地区进行生活安排的要求都迫使殖民者不得不对老式的、熟悉的做法进行某些调整。

一、拉丁美洲的殖民地风格

拉丁美洲建筑空间的特点是将欧洲巴洛克风格和当地印第安风格融合在一起,具体表现在教堂的入口和圣坛等重点部位。墨西哥城的一些大教堂沿袭了西班牙文艺复兴和巴洛克传统,中厅和侧廊等高,两边有祈祷室,成对的塔楼位于富于装饰的巴洛克立面两侧,描述宗教主题的彩绘雕塑渲染了强烈的现实主义。例如,在墨西哥的莫雷利亚城,伏京·瓜达路普教堂(图 10-44)就有类似的装饰。

图 10-44　伏京·瓜达路普教堂室内

二、北美的殖民地风格

就美国而言，早期殖民地风格的住宅（图 10-45）具有明确的功能性。木构部件裸露，倾斜的支架清晰可见。地面用宽大的厚木板制成，吊顶是由简易漏光的木构架组成的，构架下边是一层厚木板。墙面也以实木制成，或者在木构件之间填以灰泥和板条。这种板条由部分劈开的薄板制成，灰泥抹入劈开的缝槽中以固定板条。大型砖砌壁炉位于主要房间，一般是厨房和多用途起居室。

家具的材料一般是松木，偶尔也会有樱木、橡木、山核桃木或一些当地的其他木材。家具有台架式的桌子、长凳、斜靠背椅，椅上有编织的灯芯草坐垫。硬质木材非常广泛地用于桌子和柜子，都是用手工榫头连接，如箱形节点、楔形榫头、榫眼和榫舌。储藏室有挂物的钩子、螺钉、架子、储盐的盒子等。不同类型的烛台、灯架、灯笼可以增加壁炉的亮度。卧室中有木架的床，床上有由稻草、树叶、燕麦壳或羽毛填充的床垫。偶尔也有豪华的床架并有顶盖形式。有时还有木板箱，上面带有小盖子，并装有可转动的轮子。所有的纺织品都是家庭制作的。

图 10-45　美国早期殖民地风格的住宅

三、美国乔治式风格

美国乔治式风格住宅用砖或木材建造，一般追随欧洲文艺复兴形式，使用对称布局的平面和丰富装饰的细部，包括山墙、壁柱，还常有帕拉第奥式窗。住宅的室内设计日益正规，粉刷的墙或木板饰面，木质踢脚板，踢脚线，壁炉框周围的古典细部，门、窗、檐口饰带一应俱全。费城的鲍威尔住宅就是一个很好的例子。

华盛顿家族的弗农山庄始建于 1732 年，开始是一间较小的农舍，经过多年的扩建，直到 1799 年才达到现在的规模。其入口立面由木材制作而成，外部被刷成石质的样子。窗户的布置保存了最初的形式，偶尔有不对称的布置，上部有山花和圆屋顶。大舞厅是在最后扩建时增加的，为两层高的房间，侧墙装有巨大的帕拉第奥式窗（图 10-46）。许多房间沿袭了乔治式风格，小房间的壁炉布置在对角线上，墙角的壁炉台大多具有丰富的细部。

图 10-46　弗农山庄的帕拉第奥式窗

四、美国联邦时期风格

1789 年，美国联邦政府成立，乔治·华盛顿就任第一届美国总统。美国 1780—1830 年的设计通常被描述为"联邦时期风格"。联邦时期的建筑设计倾向于严肃的古典主义形式。

作为美国独立后的第三位总统，托马斯·杰斐逊给美国建筑设计的发展带来了巨大的影响。杰斐逊本人的住宅蒙蒂塞洛山庄（图10-47）的许多房间都带有壁橱、壁炉、壁龛式床，而杰斐逊自己房间里的壁龛式床既可以通向书房，也可以通向更衣室。那里还有许多设计精巧的细部，如成对的门和有底层的装置连接在一起，使得一边转动时，两边都会打开。白色的木作、细部精美的壁炉框和门框、大厅里完整的檐口都用朴素的墙面衬托。其住宅大厅应用了明亮的韦奇伍德蓝色，其他房间则使用简单的墙纸。

1812年，国会大厦在战争中被焚毁，需要大规模重修。受过英式教育的美国建筑师、工程师本杰明·亨利·拉特罗布对两间立法院大厅的细部尤为关注，并调整了许多构成复杂的室内平面的小空间（图10-48）。他创造了美国式的希腊柱式：柱头上用烟草叶和玉米棒代替原来的毛茛叶，受到了国会成员的赞赏。房间呈半圆形，顶部是半穹顶的吊顶，采用爱奥尼柱上精确的古典细部、相关的线脚和格子式吊顶。吊顶上富丽的红色和金色装饰压倒了建筑的简洁和庄严。这种装饰还反复地挂在主持官员的椅子和桌子上，刻意地强调室内空间中各元素之间的呼应关系。

桑顿设计了与众不同的华盛顿八角形住宅（图10-49），其八角形地形增加了平面的趣味性。它以一个圆形入口大厅和上层圆形的卧室作为两翼间的枢纽，角度顺应邻近的街道。圆形入口大厅有灰白的大理石地面，墙上有浅黄和灰色的木作，相同的颜色延展到邻近的楼梯厅，楼梯厅的地面和楼梯扶手都用天然的深色木材制成，楼梯踏步和栏杆都被漆成深灰绿色，客厅的墙面为暖色带暗边，餐厅墙壁则是绿色带浅绿的边。

图10-47　蒙蒂塞洛山庄

图10-48　国会大厦的立法大厅

图10-49　华盛顿八角形住宅大厅

本章小结

本章以17世纪和18世纪的欧美室内设计艺术史为中心，主要介绍了意大利、法国、英国、德国、美洲等国家或地区的室内设计发展情况，研究和探讨当时的室内设计艺术，这对今天的设计发展具有现实指导意义。

思考与实训

简述意大利巴洛克艺术的代表人物及其主要成就。

CHAPTER ELEVEN

第十一章 欧美19世纪时期

> **知识目标**
>
> 了解欧美19世纪涌现的新材料与新技术，熟悉复古思潮及折衷主义的形成、发展历史及设计特色，知晓各种建造新思潮的特点、代表人物和作品。

> **技能目标**
>
> 能够吸纳欧美19世纪的设计思想和优点进行相关设计。

1640年开始的英国资产阶级革命标志着世界历史进入近代阶段。到了18世纪60年代，英国首先爆发了工业革命。继英国之后，美、法、德等国也先后开始了工业革命。到了19世纪，这些国家的工业从轻工业扩展到重工业，并于19世纪末达到高潮。西方国家由此步入工业化社会。

第一节 新材料与新技术

生产方式和建造工艺的发展以及不断涌现的新材料、新设备和新技术为近代建筑的发展开辟了广阔的道路。正是有了应用这些新技术的可能性，建筑才突破了已往高度与跨度方面的局限，在平面与空间的设计上有了较大的自由，进而使建筑形式发生变化。这其中尤以钢铁、混凝土和玻璃在建筑上的广泛应用最为突出。

一、铁和玻璃

随着铸铁业的兴起，1775—1779年，第一座生铁桥（图11-1）在英国塞文河上被建造，设计者为阿布拉罕·达比（Abraham Darby）。

19世纪后半叶，工业博览会给建筑的创造提供了最好的条件与机会。显然，博览会的产生是近代工业的发展和资本主义工业品在世界市场竞争的结果。1889年适逢法国大革命100周年，法国政府决定开展隆重的庆祝活动，在巴黎举行一次规模空前的世界博览会。这次博览会主要以机械展览馆（图 11-2）与埃菲尔铁塔（图 11-3）为中心。在巴黎世界博览会上，工业革命对建筑的影响得到最充分的体现。

图 11-1　塞文河生铁桥（英国）

图 11-2　巴黎博览会机械展览馆

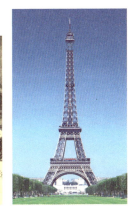

图 11-3　埃菲尔铁塔

机械展览馆是本次博览会上最重要的建筑之一，它运用了当时最先进的结构和施工技术，采用钢制三铰拱，跨度达到 115 米，堪称跨度方面的大跃进。陈列馆共有 20 根这样的钢拱，形成了宽 115 米、长 420 米，内部毫无阻挡的庞大室内空间。钢制三铰拱最大截面高 3.5 米，宽 0.75 米，而这些庞然大物越接近地面越窄，在与地面相接处几乎缩小为一点，每点集中质量有 120 吨。陈列馆的墙和屋面大部分是玻璃。埃菲尔铁塔从 1887 年起建，分为 3 层，分别在离地面 57.6 米、115.7 米和 276.1 米处，其中一、二层设有餐厅，三层建有观景台。从塔座到塔顶共有 1 711 级阶梯，共用 7 000 吨钢铁、12 000 个金属部件、250 万个铆钉。

19 世纪由玻璃和铁建成的最伟大的建筑是 1851 年建于伦敦的第一届世界工业产品博览会展览馆。这座展览馆是由铸造厂大量生产铁构架、柱子和梁架，在工地上将它们铆拴在一起，再把工厂制造的玻璃片装上后完成的。它不同于以往的任何建筑，内部空间巨大，建筑面积约为 7.4 万平方米，宽约 124.4 米，长约 564 米，共 5 跨，高 3 层，由英国园艺师 J．帕克斯顿按照当时建造植物园温室和铁路站棚的方式设计，大部分为铁结构，外墙和屋面均为玻璃。整个建筑通体透明，宽敞明亮，故被誉为"水晶宫"（图 11-4 和图 11-5）。1936 年，整个建筑毁于火灾。

图 11-4　伦敦"水晶宫"

图 11-5　伦敦"水晶宫"室内设计

水晶宫世界博览会

"水晶宫"虽然功能简单，但在建筑史上具有划时代的意义。一是它所负担的功能是全新的，要求具有巨大的内部空间、最少的阻隔；二是它要求快速建造，工期不到一年；三是建筑造价大为节省；四是在新材料和新技术的运用上达到了一个新高度；五是实现了形式与结构、功能的统一；六是摒弃了古典主义的装饰风格，预示了一种新的建筑美学范式，其特点就是轻、光、透、薄，开辟了建筑形式的新纪元。

法国建筑师拉布鲁斯特的第一个主要作品是巴黎圣日内维夫图书馆（图 11-6），它的设计非常有前瞻性，完全脱离了巴黎美术学院教育的方式。这幢建筑有简单的石头外观，层层的拱券窗框上刻有新古典主义的细部，很难被察觉。中央入口大门通向巨大的大厅，里面有新古典方柱支撑着铁拱券，再由券支撑着上面的平吊顶。房间中心线上有一排细铁柱支撑着两个筒拱，筒拱由铁券构成，支撑着曲线形的灰泥吊顶。在铁构件上穿孔用作装饰图案是创举。

图 11-6　巴黎圣日内维夫图书馆

二、钢筋混凝土

钢筋混凝土的广泛应用是在 1890 年以后，并首先在法国与美国得到发展。法国建筑师埃内比克于 19 世纪 90 年代在布尔·拉·莱因城为自己建造的别墅就是钢筋混凝土应用的一个典型实例。此后，包杜也于 1894 年在巴黎建造的蒙马尔特教堂中应用了钢筋混凝土结构，这是第一个用钢筋混凝土框架结构建造教堂的例子。

三、新的生活系统

早期工业革命对室内设计的影响，其技术性远大于美学性。首先是走向现代化的管道系统、照明和取暖方式的出现使早期室内的某些重要元素逐渐过时。铸铁成为一种制作火炉的廉价而又实用的材料。城市中，中央管道水系统开始出现，蒸汽泵的压力可将水输送到一个高的储水池或水塔中，使水可以被送到建筑上层房间的浴室中。流动水的出现催生了抽水马桶，而阻止下水道气体排出的排水阀门也在 19 世纪初被广泛运用。所有这一切都对室内空间形态的改变起到巨大的作用，室内设计有了更广阔的天地（图 11-7）。

图 11-7　工业革命早期的公寓

第二节　复古思潮——古典复兴、浪漫主义

18 世纪古典复兴建筑的流行主要是由于政治上的原因，另外受到考古发掘进展的影响，特别是庞培古城的发现和出土。古典复兴建筑在法国以罗马式样为主，而在英国、德国则以希腊式样较多。采用古典形式的建筑主要是为资产阶级服务的国会、法院、银行、交易所、博物馆、剧院等公共建筑。其对一般的市民住宅、教堂、学校等建筑类型的影响较小。

19世纪后半叶,资本主义在西方获得胜利后,希腊、罗马、拜占庭、中世纪、文艺复兴建筑风格和东方情调在城市中杂然并存。交通、考古、出版业的发达以及摄影的发明,有助于人们认识与掌握古代建筑遗产,并使人们有可能对古代各种式样进行模仿和拼凑。新建筑类型的出现以及新的建筑材料、建筑技术和旧形式之间的矛盾,造成了19世纪下半叶建筑艺术的混乱,这也正是折衷主义形成的基础。

一、英国的复古思潮

(1)摄政样式。摄政样式最奇特的地方是它看上去在古典主义的限制和丰富的幻想间摇摆。布莱顿的皇家别墅(图11-8)由约翰·纳什设计。皇家别墅内部是一系列富于幻想性装饰的房间,迷幻而精巧的枝状吊灯采用了新发明的汽灯,显示了照明的新水准。中国的壁纸和竹家具,红色和金色的精美织物,镀金的、雕琢过的家具(带有黄铜的嵌饰和边条),各种新颖的粉红色和绿色的地毯,强烈的墙面色彩,使布莱顿皇家别墅成为轻浮的、富于幻想的、重装饰的摄政样式的典型代表。

(2)古典主义。约翰·索恩(John Soane,1753—1837年)是摄政时期充满趣味的设计师,他的高度个性化的作品有时是新古典主义的,有时指向现代主义的严肃朴实,有时又具有复杂的装饰。索恩本人的住宅(图11-9)位于伦敦林肯旅行社广场13号,是作为一间建筑实验室和收藏大量艺术品和建筑构件的艺术陈列馆而建的。自1792年开始,约翰·索恩着手装饰自己的私宅,他的理想就是完成一个"光、空间和装饰品完美结合的诗化建筑"。在其住宅中,早餐厅中央有扁平的穹顶,中间是一个更高空间的范围,采光高窗射入光线,使穹顶看上去像一个漂浮的吊顶。这里,圆镜被加入装饰细部,在其他房间产生了一种透明的、光亮的和富有幻觉的效果。陈列厅是一个三层高的房间,充满了奇巧的收藏品。

(3)哥特样式。英国在19世纪欧洲哥特式复兴中扮演了重要的角色,而这一运动最有力的倡导者是普金。他在《尖顶建筑或基督教建筑的真谛》一书中开宗明义地提出了两条设计原则:"第一,建筑中不应该存在就便利性、结构和适宜性而言是多余的东西;第二,所有建筑都只能是对建筑基本结构的美化。"在普金看来,哥特式建筑之所以是"真实的",是因为它诚实地使用建筑材料,将结构暴露出来,功能由此得以展示。这一理论的提出使他在日后成为理论家眼中功能主义的先驱。除了建筑设计以外,普金还是一位优秀的工艺设计师,在家具、金工、陶瓷、织物、彩色玻璃以及墙纸等设计方面均具有很高的造诣。1844年年初,普金完成了他最著名的出版物《基督教装饰及祭服汇编》,书中解释了基督教法衣和教堂陈设品的象征意义和用法,使早已被人们遗忘的中世纪教会器物在英国的罗马天主教社区和圣公会教区重新流行起来。在艺术生涯的后期,应建筑师巴里的邀请,他参与了伦敦议会大厦(图11-10)的建造工程。

图11-8 布莱顿的皇家别墅

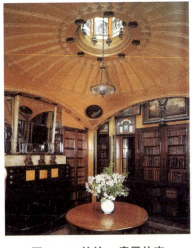
图11-9 约翰·索恩住宅

图11-10 伦敦议会大厦

二、法国的复古思潮

1814年3月反法联军进入巴黎，4月6日拿破仑下诏退位，路易十八随即登上王位，波旁王朝就此复辟。在复辟时期，一些知识分子十分苦闷。于是，法国在文学和艺术上掀起了浪漫主义运动，而追求共和制的资产阶级借鉴历史上的罗马也是再自然不过的。

（1）法国历史建筑的保护与修复。从19世纪上半叶开始，在英国哥特式建筑复兴并遍地开花的同时，法国兴起了对中世纪哥特式建筑的研究与保护。

维奥莱·勒迪克很快成为历史文物委员会的中心人物，他修复了许多中世纪的建筑物，如圣丹尼斯教堂、卡尔卡松和阿维尼翁的城堡、亚眠主教堂、兰斯主教堂、克莱蒙朗主教堂等。他在19世纪建筑修复理论方面是欧洲首屈一指的权威，主张古建筑的修复应恢复其原状，但他在实践中并没有完全遵循这一原则，以致有时改变了古建筑原来的风格。

作为一名建筑师和历史修复者，维奥莱·勒迪克强调通过实践获得第一手知识，这直接影响了他的理论。维奥莱·勒迪克分析了中世纪建筑的结构，以便建立一种现代哥特风格的基础，进而为"现代"建筑的特色下定义。他在13世纪的建筑与19世纪的建筑之间看到了一种联系，所以由研究哥特式转向研究现代建筑原理。他还将其所热爱的哥特式视为结构与材料问题的解决方案，而不是天主教教义的证明。他的教学内容体现在《论建筑》一书中，该书反映了他先进的建筑理论，对现代有机建筑和功能主义的发展，特别对19世纪后期的芝加哥学派影响很大。

图11-11 巴黎国立图书馆

（2）设计专业教学的产生。巴黎高等美术学院的设计理论和设计教育在很大程度上决定了19世纪法国及欧美建筑理论与实践的发展。拉布鲁斯特是新一批设计师中最具革新思想的一个，他坚持的信念是：建筑是特定建筑材料的产物，是特定功能、历史和文化条件的产物。拉布鲁斯特设计了巴黎国立图书馆（图11-11）。这座建于1858—1868年的书库共有5层，地面与隔墙全部用铁架与玻璃构成，这既可以解决采光问题，又可以满足防火的需要。在主阅览大厅梦幻般的空间里，细长的圆柱带有漂亮的花叶柱头，支撑起9个由玻璃与陶瓷制成的圆顶，外圈由一系列连拱廊环绕，拱券内以庞培风格的壁画作为装饰。

三、德国的复古思潮

随着社会的进步、经济文化的发展，德国建立了一批新型艺术博物馆，各国国君的艺术收藏也逐渐对公众开放，广大的人民群众有了接触艺术品的机会，提高了艺术鉴赏力。而资产阶级的艺术协会、艺术博物馆与展览会以及艺术评论也都起到了传播与介绍艺术的作用。

辛克尔设计的柏林宫廷剧院（图11-12）代表了德国古典复兴建筑的高峰。其入口前宽大的柱廊由6根爱奥尼柱子和巨大的山花组成，突起的观众厅造型新颖，细部精致，两旁的侧翼使主体更加突出。剧院主入口前有一座德国伟大的戏剧家、诗人席勒的白色大理石雕塑，剧院的南、北两侧各有一座穹顶教堂，三栋建筑在剧院东侧围出了一片广场。著名的柏林勃兰登堡门就是从雅典卫城城门得来的灵感。

四、美国的复古思潮

在纽约州塔里敦城附近，俯瞰哈得逊河的林德哈斯特府邸（图11-13）是戴维斯著名的作品，它将哥特式的元素，包括巨大的塔楼，运用到一座乡村住宅的设计中。这座住宅设计最初是对称的，但1864年戴维斯为新主人扩建时，将设计改成生动的不对称式。其许多房间充满了哥特式细部，吊顶上粉饰出的肋料寓意哥特式的拱顶，尖券窗带花饰窗格，里面用彩色玻璃镶嵌，还有许多雕刻装饰细部。戴维斯设计的家具进一步印证了住宅的哥特风格：雕刻靠背的椅子暗示着哥特式教堂玫瑰窗的痕迹，此外还有哥特式雕刻的八边形餐桌、大量哥特式尖券头和宽脚细部的床等。

图11-12　柏林宫廷剧院

图11-13　林德哈斯特府邸

第三节　折衷主义

折衷主义是19世纪上半叶至20世纪初，在欧美一些国家流行的一种建筑风格。折衷主义建筑师任意模仿历史上的各种建筑风格，或自由组合各种建筑形式。他们不讲求固定的法式，只讲求比例均衡，注重纯形式美。

一、美国的折衷主义

折衷主义在美国特别兴盛，这可能是因为美国历史短暂，进行建造活动时无据可依。从历史中汲取摹写事物的理念意味着美国人有可能引入历史建筑的文化、风格和形态，它逐渐使美国新贵们着迷。

理查德·莫里斯·亨特是巴黎学院派建筑在美国传播的先锋。典型的折衷主义观点使他有可能以任何一种风格进行设计，以满足特别工程的需要或特殊业主的品位。亨特设计了罗得岛纽波特市的一座大型住宅浪花府邸（图11-14）。该建筑采用了古典文艺复兴样式，房间环绕一个两层高的中庭对称布置。墙面装饰着科林斯壁柱，室内和建筑外观宏伟的规模与细部非常吻合。

图11-14　浪花府邸

麦金、米德和怀特事务所为纽约宾夕法尼亚铁路公司在纽约设计的方块形火车站（图11-15）是一座复杂庞大的建筑。其大致以古罗马卡拉卡拉浴场为设计模式。威严的火车站大厅内布置着巨大的科林斯式柱子和镶板拱顶，它是20世纪最壮观的室内空间之一。毗邻的火车站月台屋顶采用了玻璃和铁制成的结构，尽管它已经为新罗马古典主义所包围，但屋顶效果依然令人印象深刻。

多年来，世界最高建筑的头衔非纽约沃尔华斯大厦（图11-16）莫属，这是卡斯·吉尔伯特的作品。卡斯·吉尔伯特是一位杰出的折衷主义设计师。其室内公共部分包括宽敞的电梯厅以及拱廊、楼梯和阳台，细部处理成奇特的哥特与拜占庭风格混合的效果。大厅中有许多大理石和马赛克装饰。在公司高层办公室内陈列着各种令人惊讶的雕刻、挂毯和装饰性家具，可谓一种真正的折衷式融合。

图11-15　方块形火车站　　　　图11-16　纽约沃尔华斯大厦室内设计

埃尔西·德·沃尔夫通常被认为是第一位成功的专业室内装饰师。在开始设计自家住宅以前，她的职业是演员。她热衷于在室内空间中通过运用白漆、明亮的色彩以及各种手法，将具有典型风格的文艺复兴式房间布置成时尚简洁的样式。纽约侨民俱乐部（图11-17）为其代表作品。

芬兰建筑师伊利尔·沙里宁（Eliel Saarinen，1873—1950年）在美国建筑和室内设计发展进程中发挥了巨大的作用。自1952年开始，他领导了一个在克兰布鲁克的设计师团体，这些人的设计风格从折衷主义转向了一种现代语汇，但这种语汇又牢固根植于传统文化。克兰布鲁克男子学校、沙里宁自用住宅（图11-18）、克兰布鲁克科学研究所以及克兰布鲁克艺术学院呈现了从20世纪20年代北欧折衷主义到接近现代主义的手法的前进过程。所有这些建筑的室内都充满了情趣。

图11-17　纽约侨民俱乐部　　　　图11-18　沙里宁自用住宅

二、欧洲的折衷主义

在欧洲，尽管对折衷主义的实践已尽人皆知，但却没有像美国那样得到普遍关注。可能是真正的历史性建筑和室内设计的出现导致人们对仿制品的兴趣下降了。在大型海轮室内（图11-19），折衷主义设计达到了顶峰。室内装饰为折衷主义格调的轮船载着殖民者到达世界上的不发达地区，在那里，殖民者迫切渴望以折衷主义风格重建自己的家园。印度、澳大利亚以及其他殖民地区的曲化建筑均表现为罗马古典主义、哥特式和文艺复兴的主题。

图11-19　法国海轮内部

第四节　各种建造新思潮的产生

工业革命的冲击给城市与建筑空间带来了一系列新的问题。首先，大工业城市因生产集中而引起了人口的恶性膨胀，土地的私有制和房屋建设的无政府状态造成了城市的混乱；其次，住宅问题日益严重，虽然资产阶级出于经济或政治目的不断地建造房屋，但广大的无产阶级仍只能居住在简陋的贫民窟中，这已成为资本主义世界对广大劳动人民的巨大威胁；最后，科学技术的进步及新的社会生活的需要和新建筑类型的出现对空间形式提出了新的要求。因此，空间设计方面产生了探求建筑中新技术与新形势的倾向。

一、工艺美术运动

工艺美术运动始于英格兰，并在19世纪后半叶得到发展，最终在美国发展成熟。它的影响可以追溯到德国和奥地利的后期风格。运动的时间为1859—1910年，其是针对装饰艺术、家具、室内产品、建筑等，因工业革命的批量生产带来设计水平下降而引发的设计改良运动。当时大规模生产和工业化方兴未艾，工艺美术运动旨在抵抗这一趋势而重建手工艺的价值。工艺美术运动是英国19世纪末最主要的艺术运动，并影响了建筑设计日后的发展。

英国工艺美术运动

工艺美术运动中最为知名和最富影响力的人物是威廉·莫里斯（William Morris），他结婚时请好友菲利普·韦布设计了位于伦敦近郊贝克斯利希斯的一幢住宅，即著名的红屋（图 11-20 和图 11-21）。这是一幢体现莫里斯理想的建筑，它有红色的砖墙、红色的瓦屋顶，且无装饰。平面布局、外部形式以及窗口和门的安排都严格满足内部功能需要，洞口上的尖券是真实的砖券，烟囱服务于实际的壁炉，大窗户、小窗户与内部空间相关。其包含许多细部，墙面被粉刷成白色，一个由莫里斯设计的大型书橱与长椅组合体被漆成白色，手工锻造的铁铰链则被漆成黑色。左边的楼梯用于爬上阁楼。莫里斯的设计简洁、高贵、极富生机。

莫里斯主要是一位平面设计师，主要从事织物、壁纸（图 11-22）、瓷砖、地毯、彩色镶嵌玻璃等的设计。他的设计多以植物为题材，颇具自然气息并反映出一种中世纪的田园风格。在其设计中，大量的装饰都是东方式的，尤其是日本式的，他采用大量的卷草、花卉、鸟类等纹饰，使装饰有一种特殊的品位。

图 11-20　红屋

图 11-21　红屋内部

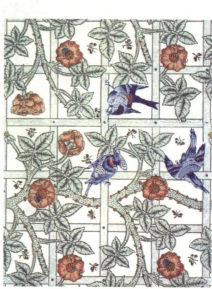
图 11-22　莫里斯设计的壁纸

二、新艺术运动

（1）德国。德国新艺术运动的主要代表是青年风格派。德国青年风格派主要关注绘画和雕刻艺术中的纯抽象概念，如在蒙德里安的作品中，常将黑色条带布置在白色背景之上的规则网格中，同时一些区域再用纯原色填充。最著名的青年风格派作品是由里特维尔德设计的位于乌德勒支的施罗德住宅（图 11-23）。这是一个由墙板、屋顶、阳台等复杂的相互穿插的板构成的直线形体块，实体之间空的部分由以金属窗框镶嵌的玻璃填充，主要生活楼层由一个滑板系统分割。该滑板系统可重新布置以获得不同的开敞度。

图 11-23　施罗德住宅

（2）比利时。比利时的建筑师、设计师维克托·霍尔塔创作了多领域的作品。他于1892年在布鲁塞尔设计的塔塞尔住宅内部有一个复杂而且开敞的楼梯（图11-24），楼梯上有曲线状的铁栏杆和支撑柱，同时还有曲线形式的灯具装在有图案的墙上和有装饰的吊顶上，地面上还铺有马赛克图案的花砖，极富美感。

（3）法国。法国新艺术运动的主要代表是现代风格派。在巴黎，最引人注目的设计师是赫克托·吉马尔德。吉马尔德在1900年前后设计了巴黎地铁站入口处的亭子（图11-25）和一些装饰细部，不同入口处亭子的尺寸和外形是不同的。其中一些被设计成玻璃屋顶，大多设有固定招牌、灯光装置，并设立了一些平板用来张贴广告、招贴画或被制成识别标志牌。1903—1906年，欧仁·瓦林在南锡设计了马松住宅的室内（图11-26）。这座住宅的餐厅被认为是新艺术运动的典型代表。其内部的木制品、吊顶线脚、墙面处理、地毯、灯具以及家具的每一处细部都由欧仁·瓦林设计完成。他创造出了一种迷人的环境。这是一种非常协调的、新颖的、曲线状的复杂形式。

图11-24　塔塞尔住宅的楼梯

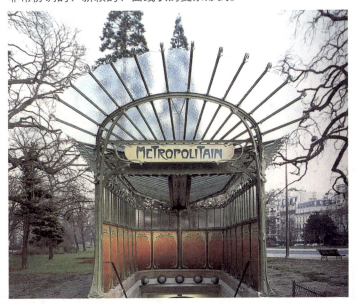

图11-25　巴黎地铁站入口处的亭子

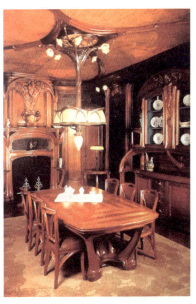

图11-26　马松住宅室内

（4）西班牙。西班牙新艺术运动的主要代表是现代主义者。1883年，安东尼奥·高迪成为巴塞罗那圣家族教堂（图11-27和图11-28）的总建筑师。在此教堂中，新哥特式的有棱有角的形状被自然形态的雕刻层层包裹起来，建筑像钟乳石一样从地面生长起来，形成了一种奇异的效果。安东尼奥·高迪是西班牙新艺术运动的代表人物，其与众不同之处在于创造了高度个性化的设计语汇，其作品具有流动曲线状及不同寻常的装饰细部。1904—1906年，在对旧建筑巴特洛公寓（图11-29）的改造中，高迪设计了新颖复杂的类似骨架形式的新立面、一条奇妙的屋脊线以及一些出色的公寓室内。在板门上点缀着不规则形状的小镜子，吊顶上镶嵌着弯曲形状的灰泥装饰。其附近较大的米拉公寓（图11-30）的墙面凸凹不平，屋檐和屋脊有高有低，呈蛇形曲线。建筑物造型仿佛是一座被海水长期侵蚀又经风化而布满孔洞的岩体，墙体本身也像波涛汹涌的海面，富有动感。

图 11-27　巴塞罗那圣家族教堂（一）

图 11-28　巴塞罗那圣家族教堂（二）

图 11-29　巴特洛公寓

图 11-30　米拉公寓

（5）奥地利。奥地利新艺术运动的主要代表是维也纳分离派。1897 年，一些艺术家和设计师从维也纳学院的展览会上退出并表示了强烈抗议，原因是学院拒绝接受他们的现代主义设计作品。因此，维也纳分离派也就成了他们的代名词。

约瑟夫·奥尔布里奇在维也纳设计的分离派美术馆（图 11-31）成为维也纳分离派运动的展示空间和总部。该建筑采用了对称的直线形造型，同时，在建筑的檐口和其他细部上也暗示了古典主义风格，但此建筑仍然有装饰细部，这些细部以与自然相关的曲线形叶片为母题，并且还装饰有古希腊神话中美杜莎的面部。在入口门厅的屋顶上，有一个中空的金属大穹顶，其外表面有镀金的叶片状装饰物。

奥地利建筑师奥托·瓦格纳最著名的设计作品是奥地利邮政储蓄银行总部（图 11-32）。该建筑的室内大厅、楼梯以及走廊的金属构件、彩色玻璃都体现了维也纳分离派的装饰风格。作为银行主要空间的中央大厅，其中间高大，两侧低矮。灯具、管状的通风口在发挥其使用功能的同时也充当着装饰角色。简洁的木制柜台和办公桌椅都体现出瓦格纳越来越简洁的设计风格。尽管这是一件维也纳分离派设计作品，但同时它也被看作第一个真正的现代室内设计作品。

图 11-31　分离派美术馆

图 11-32　奥地利邮政储蓄银行总部

瓦格纳的学生，设计大师约瑟夫·霍夫曼最著名的设计作品位于布鲁塞尔，是一座大型的、奢侈的住宅——斯托克莱特宫（图 11-33）。室内的众多房间都显得非常规整，并运用了豪华的材料以及严谨几何形状的装饰物，餐厅墙壁上的马赛克图案是由古斯塔夫·克利姆特设计的。

图 11-33　斯托克莱特宫

三、芝加哥学派

芝加哥学派在 19 世纪建筑探新运动中起着一定的进步作用。首先，它突出了功能在建筑设计中的主要地位，明确了功能与形式的主从关系，为现代建筑开辟了道路。其次，它探讨了新技术在高层建筑中的应用，并取得了一定的成就，使芝加哥成为高层建筑的故乡。最后，它的建筑艺术反映了新技术的特点，简洁的立面符合新时代的工业化精神。

沙利文常被看作现代主义的先驱，他提出了"形式随从功能"的口号，是美国最早的现代主义建筑师，但他并不反对使用装饰。他的大多数作品以自然形式为基础，因此沙利文也可以被看作美国新艺术运动建筑和室内设计的设计师之一。沙利文的主要贡献在于室内空间设计，他创造了十分美妙的作品。在芝加哥大会堂（图11-34）的设计项目中，旅馆和大会堂部分的门厅、楼梯间、公共空间的设计都体现出沙利文是一位善于空间组织装饰的卓越设计师。他设计的观众厅屋顶是横跨空间的拱券，上面排布着灯具，四周有其设计的轮廓鲜明的镀金植物浮雕装饰，这些装饰细部正是他对新艺术运动有关语汇的应用。

图 11-34　芝加哥大会堂

美国艺术家和设计师路易斯·康福特·蒂法尼有意识地运用工艺美术运动的新标准来改造室内空间。1885年，蒂法尼重组了他的商业公司，并将其命名为蒂法尼玻璃公司，这表明他开始关注彩色玻璃艺术（图11-35）。在住宅（图11-36）、俱乐部和其他相似的场所中都有他设计的风景、植物以及半抽象的图案，这些都展示了其在玻璃制品方面与法国新艺术运动有着越来越多的相似性。

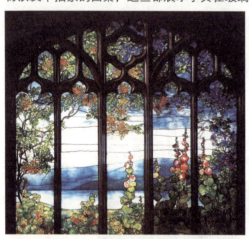

图 11-35　蒂法尼设计的彩色玻璃窗

图 11-36　蒂法尼住宅

本章小结

本章聚焦欧美19世纪的室内艺术设计，介绍了当时的新材料和新技术，并就复古思潮、折衷主义和各种建造新思潮展开论述，有助于学生较系统地了解欧美19世纪的室内艺术设计动向和发展方向。

思考与实训

收集新艺术运动的相关资料，并分享、讨论。

CHAPTER TWELVE

第十二章　20世纪现代时期

知识目标

了解现代主义先驱的设计思想，知晓现代主义艺术家具和艺术装饰的特色，熟悉第二次世界大战后的设计思潮及20世纪晚期兴起的设计风格。

技能目标

能够融合现代主义及其他新兴设计风格等进行室内设计。

西方20世纪的现代建筑空间设计大致可以划分为两个阶段。第一阶段是20世纪初至1945年第二次世界大战结束；第二阶段是自1946年之后至今天。前一阶段现代主义占主流地位，兼有其他传统的、学院的流派。第二阶段从20世纪50年代起出现了一种与现代主义既有联系又有区别的艺术思潮和流派，人们称之为后现代主义。

现代主义是指20世纪中叶在西方建筑界居主导地位的一种建筑思想。这种建筑思想主张建筑师摆脱传统建筑形式的束缚，大胆建造适应工业化社会的条件、要求的新建筑，因此具有鲜明的理性主义和激进主义色彩的现代派建筑就产生了。

第一节　现代主义的先驱

20世纪初有四个人被认为是现代主义建筑的先驱，他们清晰且肯定地指明了新的方向，因此被认为是"现代运动"的发起人。这四个人分别是欧洲的沃尔特·格罗皮乌斯、勒·柯布西耶、路德维希·密斯·凡·德·罗和美国的弗兰克·劳埃德·赖特。

一、沃尔特·格罗皮乌斯与包豪斯

沃尔特·格罗皮乌斯（Walter Gropius，1883—1969年）原籍德国，是德国现代建筑师和建筑教育家、现代主义建筑学派的倡导人和奠基人之一、包豪斯（Bauhaus）学校（图12-1）的创办人。

包豪斯设计学院

德国法古斯鞋楦厂（图12-2）是由格罗皮乌斯与A.迈尔（Adolf Meyer）于1911年设计的。法古斯鞋楦厂厂房建筑按照制鞋工业的功能需求设计了各级生产区、仓储区以及鞋楦发送区。直至今日，这些功能区依然可以正常运转。德国法古斯鞋楦厂的设计开创性地运用了功能美学原理，并大面积使用了玻璃构造幕墙，这一特点不仅对包豪斯设计学院作品的风格产生了深远的影响，也成为欧洲及北美建筑发展的里程碑。

图 12-1　包豪斯校舍

图 12-2　法古斯鞋楦厂

1928年，沃尔特·格罗皮乌斯同勒·柯布西耶等组织成立了国际现代建筑协会，并于1929—1959年任副会长。纳粹德国期间，柯布西耶受到迫害和驱逐，包豪斯学校几经辗转后于1933年被纳粹强行关闭。1934年，柯布西耶离德赴英开业。1937年，柯布西耶到美国定居，任哈佛大学建筑系教授、主任，从1952年起任荣誉教授，参与创办该校的设计学院。20世纪五六十年代，柯布西耶获得英国、联邦德国、美国、巴西、澳大利亚等国建筑师组织、学术团体和大学授予的荣誉奖、荣誉会员称号和荣誉学位。

格罗皮乌斯在建筑历史上的重要地位更多地源自他在设计教育中所起的作用。第一次世界大战之后，格罗皮乌斯被任命为魏玛造型艺术学校与工艺美术学校的校长。他随即将两所学校合并，取名为包豪斯（Bauhaus）。与传统学校不同，在格罗皮乌斯的学校里，学生不但要学习设计、造型、材料，还要学习绘图、构图、制作。学校拥有木工车间、砖石车间、钢材车间、陶瓷车间等一系列生产车间，学校里没有"老师"和"学生"的称谓，师生彼此称为"徒弟"和"师傅"。包豪斯校舍于1926年竣工，是一组令人印象深刻的建筑群，无论是平面布局还是对美的表达都体现了包豪斯的理念。

在设计理论上，包豪斯提出了三个基本观点：第一，艺术与技术统一；第二，设计的目的是人而不是产品；第三，设计必须遵循自然与客观的法则。这些观点对工业设计的发展起到积极的作用，使现代设计逐步由理想主义走向现实主义，即用理性的、科学的思想代替艺术上的自我表现和浪漫主义。

包豪斯的室内设计非常简洁，并且功能如外观所示。格罗皮乌斯为校长办公室设计了引人注目的室内空间（图12-3），它是以线性几何形式进行的探索。学生和指导教师设计的家具和灯具随处可见。

瓦尔特·格罗皮乌斯和他的代表作品

图 12-3　包豪斯校长办公室室内空间

二、勒·柯布西耶

勒·柯布西耶（Le Corbusier，1887—1965年）出生于瑞士西北靠近法国边界的小镇，主张建筑走工业化的道路，甚至把住房比作机械，并且要求建筑师向工程师理性学习。但他同时又把建筑看作纯粹的精神创造，一再说明建筑师是一种造型艺术家，并且把当时艺术界中正在兴起的立体主义流派的观点移植到建筑中来。

柯布西耶于1923年出版的《走向新建筑》宣示新建筑运动高潮已到来。这些建筑师的设计思想并不完全一致，但有些共同的特点：第一，重视建筑物的使用功能并以此作为建筑设计的出发点，提高建筑设计的科学性，注重建筑使用时的方便性和效率；第二，注重发挥新型建筑材料和建筑结构的性能特点；第三，努力用最少的人力、物力、财力造出合用的房屋，把建筑的经济性提到重要的高度；第四，注重创造建筑新风格，坚决反对套用历史上的建筑样式；第五，认为建筑空间是建筑的主角，建筑空间比建筑平面或立面构图更重要；第六，废弃表面的外加装饰，认为美的基础在于建筑处理的合理性和逻辑性。这些设计观点被许多人称为建筑及室内的"功能主义"（Functionalism），有时也被称作"理性主义"（Rationalism），近来又有人把它称为"现代主义"。

图 12-4　巴黎装饰艺术展览会新精神展览馆

1925年，柯布西耶由新精神杂志资助为巴黎的一次展览会设计了一座展览馆（图12-4）。该建筑被认为是一种样板式的公寓。柯布西耶最著名也最具影响力的作品之一是萨伏伊别墅（图12-5～图12-7）。住宅的主体部分接近方形，抬高到第二层楼板处支撑在底层纤细的管状钢柱上。建筑的墙是白色的，开着连续的带形窗。地面层的空间布置着一条通向车库的曲线形车道、一处门厅以及几间服务用房。一间宽敞的起居就餐空间占据了建筑一层的一侧，上下贯通的玻璃面对着一座室内天井，室外带形长窗没安装玻璃的部分为人们观赏周围的风景提供了视点。

图 12-5　萨伏伊别墅

图 12-6　萨伏伊别墅室内楼梯

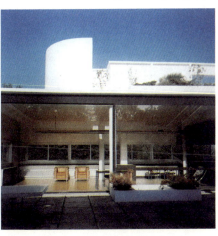

图 12-7　萨伏伊别墅室内

第二次世界大战后，柯布西耶的建筑风格出现了明显的改变。朗香教堂（图12-8和图12-9）有力地说明了柯布西耶建筑风格的转变。教堂位于法国东部索恩地区，曲线形混凝土墙体围蔽出一个不规则的、晦暗的室内空间。建筑的屋顶是一个线性的钢筋混凝土结构，剖面中空，很像飞机的翼部，教堂有三个礼拜堂，两处低矮，一处略高，其顶部卷曲伸出屋顶。室内空间非常黑：光自顶部暗窗投射到礼拜堂内部，屋顶架在两堵墙上的小窄柱上，屋顶与墙之间留下一道玻璃填充的缝隙，这使屋顶看起来好像飘浮在空中。色彩斑斓的窗户、礼仪性的彩饰入口、座椅以及祭坛设施都由建筑师设计，以营造一个神秘的空间。

图12-8 朗香教堂

图12-9 朗香教堂室内空间

三、路德维希·密斯·凡·德·罗

路德维希·密斯·凡·德·罗（Ludwig Mies Van der Rohe，1886—1969年）出生于德国亚琛。第一次世界大战以后，他设计了许多外部带有整体玻璃幕墙的高层建筑方案。20世纪20年代末30年代初，一些展览会为密斯提供了机会，使他可以阐明自己在建筑及室内设计方面"少即是多"的主张。

1929年密斯为巴塞罗那博览会设计的德国展览馆使他赢得了广泛的国际声誉。巴塞罗那博览会德国展览馆（图12-10）布置在一块宽阔的大理石平板上，结构简单，由8根钢柱组成，柱上支撑着一个平板屋顶。建筑没有封闭的墙体，但像隔屏一样的玻璃和大理石墙呈不规则的直线形，墙体布置成抽象形式，其中一部分墙体延伸到室外。色彩表现为钢柱上闪烁的镀铬光泽，用镀铬钢架和皮革垫子构成的无靠背的凳子，以及配套的玻璃面桌子已成为现代的经典，至今仍在被制造和使用。1937年，密斯移居美国，成为芝加哥伊利诺伊理工学院建筑系主任。他在美国的作品克朗楼（图12-11）为简

图12-10 巴塞罗那博览会德国展览馆

图12-11 伊利诺伊理工学院克朗楼

洁的巨作，室内空间开敞，四面全是玻璃幕墙。从外观看，其结构元素被漆成黑色，因此在玻璃体中不会引起人的注意。所谓的"极少主义者"常用此类设计方法。

密斯最著名的晚期住宅设计是位于伊利诺伊州普兰诺镇的范思沃斯住宅（图12-12～图12-14）。该住宅建在开阔的郊外，与外界隔绝，近邻福克斯河。室内地面高出地面几英尺[①]，在地板之下形成开敞的空间。这幢住宅也由8根钢柱支撑着屋面，柱子的尺寸和形状完全相同。

图12-12　范思沃斯住宅

图12-13　范思沃斯住宅室内空间（一）

图12-14　范思沃斯住宅室内空间（二）

四、弗兰克·劳埃德·赖特和他的有机建筑论

弗兰克·劳埃德·赖特（Frank Lloyd Wright，1867—1959年）出生于美国威斯康星州的里奇兰中心。位于芝加哥南部为弗雷德里克·罗比设计的大型住宅（图12-15）是赖特设计的所有住宅中最成功的一个。罗比住宅整个外形的水平线条个性强烈而明确。它的水平线条以交错的音乐节奏般的韵律，借由屋顶、带状水泥横条甚至细长比例明显的红砖显现，呈现出一种沉静的诗意气质。

赖特把自己的建筑称作有机的建筑，也就是"自然的建筑"（anatural architecture）。他认为自然界是有机的，建筑师应该从自然界中得到启

图12-15　罗比住宅

示，房屋应当像植物一样，是"地面上一个基本的和谐的要素，从属于自然环境，从地里长出来，迎着太阳"。赖特既运用新材料和新结构，又始终重视和发挥传统建筑材料的优点，并善于把两者结合起来。同自然环境的紧密配合是赖特建筑作品的最大特点。

---

① 1英尺 = 0.304 8米。

赖特于 1936 年为考夫曼家族所建的流水别墅（图 12-16）位于宾夕尼亚的熊跑林地，其混凝土阳台伸于溪流瀑布之上，它是所有现代建筑形式中最浪漫的例子之一。未装饰的挑台和有薄金属框的带形窗暗示了赖特对欧洲国际式现代主义的认识。室内部分（图 12-17）的自然石块、原木家具以及其他家具和物品的混杂与周围户外环境景观之间产生了联系，具有迷人的魅力。

图 12-16　流水别墅

图 12-17　流水别墅内景

约翰逊制蜡公司（图 12-18）于 1939 年完工，是赖特设计的最有名的非居住建筑工程之一。其结构为一组蘑菇状混凝土柱，由细杆自下而上逐渐扩大直到顶部变成大圆盘，圆盘顶部之间的空间用玻璃管填充，被做成天窗，使日光可以射入内部空间。周围使用红棕色的砖，墙上未开天窗，但玻璃在墙顶和柱顶之间形成了一条玻璃带。

古根汉姆美术馆（图 12-19 和图 12-20）位于第五大道，由赖特于 1947 年设计建造。这栋特殊的建筑物

图 12-18　约翰逊制蜡公司

是赖特后期的重要作品。其建成后得到了建筑业界两极化的评价。从内部来看，观景廊从地面形成缓缓升高的螺旋走道，直达建筑物顶部。艺术品沿着螺旋环绕的墙面依序陈列，有些也展示于走廊台阶处的展示间内。

图 12-19　古根汉姆美术馆

图 12-20　古根汉姆美术馆室内

五、阿尔瓦·阿尔托

阿尔瓦·阿尔托（Alvar Aalto，1898—1976年）是芬兰著名的建筑设计大师，同时也是一位享誉世界的建筑设计师，他从1921年开始涉足建筑设计直至1976年离世，设计生涯长达55年。这期间，他设计了近100座独立的一家一户式的住房，其中一半以上的设计方案被采用。阿尔托的国际声望是通过一所大型医院建筑确立起来的，即帕米欧结核病疗养院（图12-21）。这座疗养院建于1930—1933年，部分建筑用作病房，所有的房间均朝南以接受日照，另外一部分带有室外长廊、一个中央入口门厅以及用作公共餐厅和服务的建筑单元。其内部空间开敞、简洁并具逻辑性，但细部格外精致。接待办公室、楼梯、电梯以及一些小的元素如照明设施和时钟都经过了精确细致的设计。

位于诺尔马库的玛丽亚别墅（图12-22和图12-23）的设计非常成功，阿尔托根据芬兰当地的特点对住宅的风格作了一些改进，部分采用了不同的材料，以木材为主，以砖石点缀，用一种新手法将老式建筑主体融入整体。

图 12-21　帕米欧结核病疗养院

图 12-22　玛丽亚别墅（一）

图 12-23　玛丽亚别墅（二）

第二节　现代主义家具和艺术装饰

一、现代主义家具

一些为人所熟知的现代主义大师，他们的思想和实践常常不仅体现在建筑设计和室内设计上，而且还活跃于家具和装饰物的设计领域。因此，室内装饰物和其他装饰元素表现出20世纪现代主义的特征。

柯布西耶的才华在建筑上得到了淋漓尽致的发挥，其在家具设计上的作品数量虽不多，但每一件都有其独特的设计思想。

被柯布西耶称为"豪华舒适"的沙发椅（图12-24）典型地体现了他追求家具设计以人为本的倾向。这把沙发椅被看作对法国古典沙发所进行的现代诠释：以新材料、新结构设计新的沙发椅；简化与暴露结构直接表现了现代设计的做法，几块立方体皮垫依次嵌入钢管框中，直截了当而又便于清洁换洗。为了避免室内桌椅太重，而更适用于普通办公或居家室内，柯布西耶又设计出了巴斯库兰椅（图12-25），它在视觉上和实际上都很轻便，成为在普通休闲场所很受欢迎的家具。

图 12-24　柯布西耶沙发椅

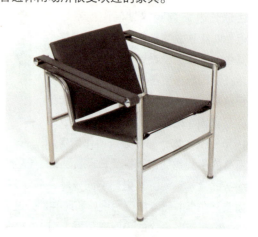
图 12-25　巴斯库兰椅

尽管密斯被看作建筑大师，但其充满创新意识和设计活力的家具设计也使他成为第一代现代家具设计大师之一。其家具设计精美的比例、精心推敲的细部工艺、材料的纯净与完整以及设计观念的直截了当突出体现了现代设计的观念。1927年，在密斯自己设计的四层公寓中，他首次布置了刚完成的先生椅（图12-26）。

著名的巴塞罗那椅（图12-27）是现代家具设计的经典之作，被多家博物馆收藏，是密斯为1929年巴塞罗那博览会德国展览馆设计的。同著名的德国展览馆相协调，这件体量超大的椅子明确显示出了高贵而庄重的身份。椅子的不锈钢构架呈弧形交叉状，非常优美又功能化，只是这些构件都用手工磨制而成，成本高昂。两块长方形皮垫组成了坐面及靠背。

图 12-26　先生椅

图 12-27　巴塞罗那椅

阿尔托第一件重要的家具设计——帕米欧椅（图12-28）是为他早期的成名建筑作品——帕米欧结核病疗养院设计的。这件简洁、轻便又充满雕塑美的家具使用的材料全部是阿尔托3年多来研制的层压胶合板，其整体造型在充分考虑功能的前提下显得非常优美。其最明显的特征——圆弧形转折并非出于装饰,而完全出于结构和使用功能的需要;靠背上部的三条开口也不是装饰,而是为使用者提供的通气口。阿尔托为 20 世纪家具设计的另一杰出贡献是用层压胶合板设计出了悬挑椅。1933 年,赖特成功研制出层压胶合板,用其制成了全木制悬挑椅(图 12-29),并首次将其用在帕米欧结核病疗养院。

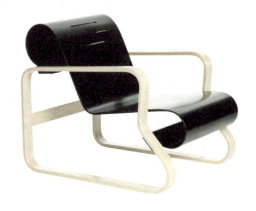

图 12-28　帕米欧椅

图 12-29　全木制悬挑椅

二、艺术装饰的兴起

艺术装饰并不强烈地关注功能和技术,其起初是一种流行风格,人们希望它在历史风格的延续中拥有自己的位置。鲁·施皮茨设计的一间巴黎艺术装饰家的客厅(图 12-30)集中表现了艺术装饰设计的特点。其地毯图案表现了立体派艺术的意识;折叠的屏风带有源于非洲部落艺术的图案;家具的阶梯形式暗示了摩天楼;大镜子和凸出的照明灯具引起了人们对现代材料和电灯照明的关注。其整体效果与过去完全不同,而且和国际式的室内功能也毫无关系,只是流行的、强烈的装饰。

工业设计与艺术装饰的密切关系及艺术装饰对流线的偏爱使工业设计产品首先通过厨房和浴室而不是正规的起居空间进入 20 世纪中产阶级的家庭,最终导致生活在旧模式住宅中的人也不得不采用现代厨房(图 12-31)和浴室。

图 12-30　巴黎艺术装饰家的客厅

图 12-31　巴特勒住宅内部(美国)

油和煤气照明向电力照明的转变让照明设计得到新生。间接照明，即光源隐藏在凹处或房间的其他地方，通过吊顶反射照明，也就是现在常说的"光槽"，逐渐得到了广泛的应用。20 世纪 30 年代又出现了管状光源，最初为白炽灯，随着荧光灯的发展，管状灯成为公共、商业和传统室内的标准灯。最初只用作招牌的霓虹灯也逐渐成为装饰照明的特殊光源，如纽约无线电城音乐厅（图 3-32）。

图 12-32　纽约无线电城音乐厅

第三节　第二次世界大战后的设计思潮

第二次世界大战结束后的几十年中，各国政治与经济条件的不同、思潮和文化传统的不统一及对建筑目的性的不同看法使各地建筑发展极不平衡，建造活动和建造思潮也极不一致。其中，西欧继续为建筑现代化做贡献，美国有时会在某些方面领先，日本在现代建筑中崛起。第三世界国家建筑趋于现代化，它们均为建筑和室内设计的历史谱写了新篇章。

一、第二次世界大战后设计思潮的主要特点

现代主义的设计原则可以概括为下列几点：第一，空间要有新功能、新技术，特别是新形式；第二，在理论上承认建筑与空间具有艺术与技术的双重性，提倡两者结合；第三，认为建筑空间是建筑的实质，建筑设计是空间的设计及表现；第四，提倡建筑设计表里一致；第五，在美学上反对外加装饰，提倡美应当与功能及建造手段（如材料与结构）结合。

第二次世界大战后的设计思潮可概括为三个阶段：第一阶段是 20 世纪 40 年代末至 20 世纪 50 年代下半叶，这是欧洲的理性主义在新形势下普及、成长的充实时期，也是其中某些方面的片面突出与片面发展时期。第二阶段是 20 世纪 50 年代末至 20 世纪 60 年代末，现代建筑进入形式多样的时期。第三阶段是 20 世纪 60 年代末至今，在这一阶段，形式各异的现代建筑仍然居主导地位。

二、各种新的设计倾向

（1）理性主义。理性主义是指形成于两次世界大战之间的以格罗皮乌斯和他的包豪斯派及以勒·柯布西耶等人为代表的欧洲"现代建筑"。理性主义因讲究功能而有"功能主义"之称；它因不论在何处均以方盒子、平屋顶、白粉墙、横向长窗的形式出现而又被称为"国际式"。

（2）粗野主义。粗野主义是 20 世纪 50 年代下半叶到 20 世纪 60 年代中期喧嚣一时的建筑设计倾向，其美学根源是第二次世界大战前现代建筑对材料与结构的真实表现，其主要特征在于追求材质本身粗糙狂野的趣味性。

粗野主义最主要的代表人物是第二次世界大战后风格特征有所转型的柯布西耶,马赛公寓(图12-33)可以看作这种风格的一个典型案例。1952年,柯布西耶理想中的"联合公寓"落成,这是一座长165米、宽24米、高56米的18层大型钢筋混凝土建筑,可容337户1 600名工人居住。它的底部高高架起,可用于停车。屋顶是空中花园,还设有幼儿园、儿童游戏场、游泳池、健身房和一条300米长的环形跑道。第8、9层还有商店、餐馆、邮局等公共服务设施。这座大楼的外观直接将带有模板印迹的混凝土的粗犷表面暴露在外,许多地方还进行了凿毛处理,这是粗野主义美学观在建筑领域的最早体现。

图12-33 马赛公寓

(3)典雅主义。典雅主义主要活跃在美国,致力于运用传统的美学法则使现代的材料与结构产生规整、端庄与典雅的庄严感。典雅主义的代表人物主要是美国的约翰逊、斯东和山崎实等一些第二代建筑师。或许是因为他们的作品使人联想到古典主义或古代的建筑形式,所以"典雅主义"又被称作"新古典主义""新帕拉第奥主义"或"新复古主义"。

(4)工业主义。工业主义是指设计具有高度工业技术的倾向,不仅在建筑中坚持采用新技术,而且在美学上极力表现新技术的倾向。广义来说,工业主义包括第二次世界大战后"现代建筑"在设计方法中所有"重理"的方面,特别是以路德维希·密斯·凡·德·罗为代表的讲求技术精美的倾向和以勒·柯布西耶为代表的"粗野主义"倾向;较确切的是指在20世纪50年代末才活跃起来的,把注意力集中在创新的采用与表现预制的装配化标准构件方面的倾向。

(5)多元论。第二次世界大战后的讲究人情化与地方性的倾向与各种追求"个性"与"象征"的尝试,常被统称为"有机的"建筑或"多元论"建筑(图12-34和图12-35)。其设计方法是战后现代建筑中比较偏情的一面。这是一种既讲技术又讲形式,而在形式上又强调自己特点的倾向。芬兰的阿尔托被认为是北欧"人情化"和地方性的代表。他有时用砖、木等传统建筑材料,有时用新材料和新结构,但在采用新材料、新结构和机械化施工时,他总是尽量把它们处理得柔和些和多样些。

图12-34 于韦斯屈莱大学(芬兰)

图12-35 于韦斯屈莱大学室内(芬兰)

第四节 20世纪晚期的设计

20世纪70年代,欧美建筑工业化进入一个新阶段。其特点之一是现浇和预制相结合的体系取得了发展,特别是大模板广泛应用于兴建多层住宅。

一、未来主义设计

未来主义者认为，20世纪的工业、科学、交通突飞猛进，使人类世界的面貌发生了根本性的变化，机器和技术、速度和竞争已成为时代的主要特征。因此，他们追求未来，主张和过去截然分开，否定以往的一切文化成果和文化传统，鼓吹在主题、风格等方面采取新形式，以符合机器和技术、速度和竞争的时代精神。未来主义者强调自我，非理性、杂乱无章和混乱是其设计风格的基本特征。

路易斯·I.康（Louis Isadore Kahn）是一位国际知名且受人尊敬的人物。西萨·佩里（Cesar Pelli）是在南、北半球均有作品的活跃实践家。他们的作品中都有独特的室内空间，但两人有时也很难被归类于某种特定的风格。

路易斯·I.康是美国现代建筑师。在设计行业内，他的理论建树比他的作品更有名。他设计的第一个重要建筑是耶鲁大学美术馆（图12-36），美术馆楼面都是开敞的空间，吊顶做得很特殊，是用混凝土结构板做成的三角形格子，四层楼有一个封闭的电梯和楼梯进行连接。

1926年，西萨·佩里出生于阿根廷图库曼（Tucuman），于1952年移居美国。其设计作品的诀窍就是在建筑上有传统的意念而非在实际过程中使用传统的主题。佩里对建筑之间的联系相当敏感，其明显的设计特征是根据不同的环境（如地区、气候等）进行不同的设计。佩里是一位世界级人物、大工程的创造者，其中室内空间似乎是大建筑物的副产品。在纽约巴特里公园城的世界金融中心（图12-37），佩里设计了一组相似的塔式建筑。而"冬季花园"的内部则暗示了1851年著名的"水晶宫"。

二、高技派

高技派是在20世纪50年代后期兴起的，其在建筑造型、风格上注意表现"高度工业技术"的设计倾向。高技派在理论上极力宣扬机器美学和新技术的美感。

R.巴克明斯特·富勒（R.Buckminster Fuller，1895—1983年）是20世纪20年代的美国工程师、设计师、发明家、哲学家。富勒是许多工程项目的发明者兼设计师，这些工程往往被认为是"未来派"的。他设计了1967年蒙特利尔世界博览会的美国展览馆（图12-38），

图 12-36　耶鲁大学美术馆立面

图 12-37　世界金融中心冬季花园

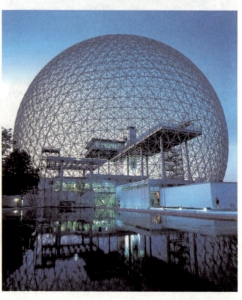

图 12-38　蒙特利尔世界博览会的美国展览馆

巨大的穹顶结构（超过半球）由塑料板封闭，允许光线透入，并由机械控制其明暗。室内展厅设在通过自动扶梯可以到达的平台上，而围合的结构形成了一个独立的薄膜，位于建筑上空。这座展览馆的室内空间被普遍认为既具有戏剧性又具有美观性。

最著名和最容易让人接近的高技派工程是巴黎蓬皮杜中心（图 12-39 和图 12-40），它由意大利人伦佐·皮亚诺（Renzo Piano）和英国建筑师理查德·罗杰斯（Richard George Rogers）的团队合作设计。这座巨大的多层建筑在外部暴露并展示了其结构、机械系统和垂直交通（自动梯）。内部空间同样坦率地显示了头顶的设备管道、照明设备和通风管道系统，而这些设备、管道过去都习惯于隐藏在结构中。

图 12-39　巴黎蓬皮杜中心

图 12-40　巴黎蓬皮杜中心室内

诺曼·福斯特（Norman Foster）是曼彻斯特大学建筑学学士、耶鲁大学建筑学硕士、英国皇家建筑师学会会员。香港汇丰银行总部新楼（图 12-41）的设计集中了诺曼·福斯特的一贯主张与观点。在结构和空间组织上，该建筑被划分成小尺度的"村落"；大视野平面可以让人毫无障碍地观察到所有职员；雕塑也不引人注目；多级自动扶梯连接起多层的银行大厅空间；在大厦底层有公共广场。这一切的革新都使香港汇丰银行总部新楼成为最著名的高层办公建筑之一。

詹姆斯·斯特林（James Stirling）被认为是有高技派倾向的英国建筑师。剑桥大学历史系大楼（图 12-42）是他的作品。该楼大部分面积用作图书馆，里面有一个大型的回廊式中庭，顶部设玻璃天窗。在这里，机械的结构表现再次体现了巨大的室内空间特征。

图 12-41　香港汇丰银行总部新楼内景

图 12-42　剑桥大学历史系大楼室内空间

三、后现代主义

后现代主义是 20 世纪 50 年代以来欧美各国（主要是美国）继现代主义之后前卫美术思潮的总称，其概念最早出现在建筑领域。

（1）罗伯特·文丘里。罗伯特·文丘里（Robert Venturi）于 1925 年出生于美国费城。他重视理论研究，从 1957 年开始到 1965 年一直在宾夕法尼亚大学建筑学院任教。通过教学，他一方面把自己的设计思想传授给学生，另一方面利用学院的研究条件丰富自己的设计思想。他是后现代主义的重要理论家之一。

罗伯特·文丘里于 1964 年为母亲范娜·文丘里在费城郊区的栗子山设计的住宅（图 12-43 和图 12-44）是第一个具有后现代主义特征构想的重要设计，其基本的对称布局被突然的不对称改变；室内空间有出人意料的各种夹角形，打乱了常规的方形转角形式；家具是传统的乃至难以形容的样式，而非意料中的现代派经典形式。

图 12-43　范娜·文丘里住宅

图 12-44　范娜·文丘里住宅室内空间

（2）迈克尔·格雷夫斯。迈克尔·格雷夫斯（Michael Graves, 1934—）是美国后现代主义建筑师。他不仅在建筑设计上屡屡获奖，更擅长室内装饰设计。他热衷于家具陈设并涉足日常用品、首饰、钟表乃至餐具设计，范围十分广泛。格雷夫斯的室内设计出现在1979年为桑纳家具公司设计的几个陈列室中（图12-45），一组具有不寻常的形式和带有柔和色彩与强烈色彩的房间为家具提供了背景，其中也包括格雷夫斯自己设计的家具。

图12-45　桑纳家具公司陈列室

四、晚期现代主义

在新近的设计中，另一种主题拒绝后现代主义特征而继续忠于早期现代主义观念，即晚期现代主义。晚期现代主义风格的作品并不模仿现代先驱，而是以发展的方式前进。

贝聿铭是美籍华人建筑师，他设计的项目中有一些很有代表性，如美国国家艺术馆的东楼、约翰·肯尼迪纪念图书馆、巴黎卢浮宫的重建工程（图12-46）等。他的这些建筑被人称为充满激情的几何结构，也成为晚期现代主义的经典之作。贝聿铭一生获得过无数荣誉，他设计的作品包括博物馆、艺术馆、办公大楼、钟楼，甚至还有摇滚音乐厅。

图12-46　巴黎卢浮宫博物馆金字塔

五、解构主义

解构主义,即把完整的现代主义、结构主义建筑整体破碎处理,然后重新组合,形成破碎的空间和形态。解构主义重视结构的基本部件,认为基本部件本身就具有表现的特征,完整性不在于建筑本身总体风格的统一,而在于部件的充分表达。在解构主义的室内空间作品中,典型的是断裂、松散、撕开后混乱地重新组合起来的形象。

美国建筑大师弗兰克·盖里(Frank Gehry,1929—)是解构主义建筑师中最突出的一位。特别是 1978 年在加利福尼亚州圣莫尼卡盖里的住宅(图 12-47)完工之后,他引起了人们的关注。另外,美国的沃尔特·迪士尼音乐中心(图 12-48 和图 12-49)也是他的代表作。在该作品中,他有意将构成房屋的一些元素分散再将其随意重组,如门口的台阶,一级级踏步都被仔细区分开,再漫不经心却恰到好处地堆在门口,最上一块还"不小心"捅进了大门。这座标新立异的建筑确立了盖里的风格。"将一个工程尽可能多地拆散成分离的部分"——这是解构主义建筑共有的基本特征。

图 12-47 盖里的住宅

图 12-48 沃尔特·迪士尼音乐中心(美国)

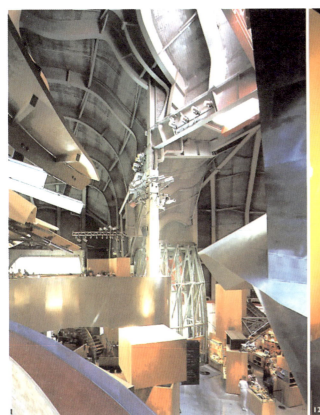

图 12-49　沃尔特·迪士尼音乐中心内景（美国）

◉ 本章小结

本章围绕现代主义及第二次世界大战后的设计思潮等内容展开，有助于学生了解20世纪的室内设计发展动向及特点。

◉ 思考与实训

试挑选一位现代主义设计大师，收集其资料及设计作品，进行分析和分享。

外国室内空间设计

参考文献

[1] 朱家溍. 明清室内陈设[M]. 北京：紫禁城出版社，2004.
[2] 罗小未. 外国近现代建筑史[M]. 2版. 北京：中国建筑工业出版社，2004.
[3] 罗小未，蔡婉英. 外国建筑历史图说[M]. 上海：同济大学出版社，2005.
[4] 庄岳，王蔚. 环境艺术简史[M]. 北京：中国建筑工业出版社，2006.
[5] 潘谷西. 中国建筑史[M]. 6版. 北京：中国建筑工业出版社，2009.
[6] 王受之. 世界现代建筑史[M]. 北京：中国建筑工业出版社，1999.
[7] 张绮曼，郑曙旸. 室内设计资料集[M]. 北京：中国建筑工业出版社，1991.
[8] 楼庆西. 中国古建筑二十讲[M]. 北京：生活·读书·新知三联书店，2001.
[9] 徐思民. 中国工艺美术史[M]. 济南：山东教育出版社，2012.
[10] 李先逵. 四川民居[M]. 北京：中国建筑工业出版社，2009.
[11] 王世襄. 明式家具研究[M]. 香港：生活·读书·新知三联书店，2008.
[12] 郭承波. 中外室内设计简史[M]. 北京：机械工业出版社，2007.
[13] 杨大禹，朱良文. 云南民居[M]. 北京：中国建筑工业出版社，2009.
[14] 傅熹年. 中国古代建筑史（第二卷）[M]. 北京：中国建筑工业出版社，2001.
[15] 郭黛姮. 中国古代建筑史（第三卷）[M]. 2版. 北京：中国建筑工业出版社，2009.
[16] 潘谷西. 中国古代建筑史（第四卷）[M]. 2版. 北京：中国建筑工业出版社，2009.
[17] 孙大章. 中国古代建筑史（第五卷）[M]. 2版. 北京：中国建筑工业出版社，2009.
[18] [美]约翰·派尔. 世界室内设计史[M]. 2版. 刘先觉，陈宇琳，等，译. 北京：中国建筑工业出版社，2007.
[19] [美]弗兰克·惠特福德. 包豪斯[M]. 林鹤，译. 北京：生活·读书·新知三联书店，2001.
[20] [日]关野贞. 日本建筑史精要[M]. 路秉杰，译. 上海：同济大学出版社，2012.
[21] 陈大磊，杨明彦. 艺术设计史[M]. 哈尔滨：哈尔滨工程大学出版社，2014.